U0067688

巴黎斐杭狄法國高等廚藝學校

經 典 廚 藝 聖 經 II

FERRANDI

L'ÉCOLE FRANÇAISE DE GASTRONOMIE

·

PARIS

文字編輯：Michel Tanguy

攝影：Éric Fénot

風格設計：Delphine Brunet, Émilie Mazère

Anne-Sophie Lhomme, Pablo Thiollier-Serrano

大境文化

Édito
編者的話

在此獻上《FERRANDI斐杭狄法國高等廚藝學校》的『經典廚藝聖經』。

這是一本食譜書，就像書店架上為數眾多的那些？我們不這麼認為，也不希望如此，這本書不只是食譜配方。

書中當然包含了食譜（143道），但對於充滿熱情的料理人，不論是經驗豐富的愛好者、還是選擇學習這項技藝的年輕廚師，我們都希望能為他們提供更多：按照步驟進行的技巧手勢、專業人士的建議、主廚的「訣竅」，與紮實的基礎。而本書的獨到之處，在於以巴黎《FERRANDI斐杭狄法國高等廚藝學校》的教育方式進行教學，不論是法國國內還是世界各地的讀者，都能猶如親臨學校學習法國高等廚藝一般。

我們的教學方式經得起考驗；成功的畢業生、同業的認可和最出色主廚的支持，都可做為證明，更別提這間學校的歷史已經超過90年！90年的歷史，或者說傳統的專業技術和創造力，構成了一種和諧。

在巴黎FERRANDI斐杭狄，技術和美食史的學習一樣重要。在瞬息萬變的世界裡，有些領域，例如手工的技術，必須按部就班進行，在能夠自行譜曲之前，還是得先跟著老師學習普通樂理。

這就是為何您將在本書中看到，同一道食材依照對基本技術的掌握，和個人的進步而定，可能會有不同的詮釋或組合。

當然，依循「過往經驗a priori」的需求─時代的氛圍、流行（退流行）…當然會比較容易，但「追求容易並非斐杭狄的風格」。學生們（包括成人進修）想要創造、革新、「當設計師」。若沒有穩固的理念和不妥協的態度，不可能造就出一間被視為國際標準的高等廚藝機構。我們教育方式的核心就在於，能夠將有條理的技藝學習，和對實作的嚮往，與個人的表達相結合，而且不會令人感到煩悶。

努力不會白費。我們的原則已發揮功效，在這裡培訓的學生們，會自豪的自稱為「FERRANDIENS斐杭狄人」。

在巴黎FERRANDI斐杭狄，擁有令人難以置信的機會：我們熱愛這一行（其實這裡所說的行業應該是複數…）！不論是教育、還是主廚，都密切相關。確確實實對這兩個行業都充滿熱情。

記者們經常問我讓巴黎FERRANDI斐杭狄成為權威機構的「祕訣」是什麼。我毫不遲疑地回答─就是教學！這個無形的資產，然而在這「成功祕訣」裡，還是有一個無法輕易說明，但卻極其重要的部分。事實上，在將一本食譜編纂成冊的製作過程中，若沒有投入靈魂，那這本書會變成什麼？

這正是我們在食譜中沒有提到，但卻是幫助巴黎斐杭狄建立名聲，參與培訓者個人的體會。或許有一天您能親自前來我們的廚房裡探索…

本書的製作，我必須要感謝巴黎斐杭狄的合作夥伴，特別是Audrey JANET，她以無比的耐心和效率提供協助，以及學校裡的主廚，他們以團隊合作的方式，課後聚在一起擬定本書的內容：Jérémie BARNAY、Emmanuel HENRY、Frédéric MIGNOT、Benoît NICOLAS、Eric ROBERT和Antoine SCHAEFERS。

我衷心感謝所有才華洋溢的主廚、朋友、校友、副教授、諮詢委員會（Conseil d'Orientation）的成員們，毫無保留地同意提供食譜。他們的支持對我們而言相當寶貴，而他們也是巴黎斐杭狄教育中非常重要的環節：Amandine CHAIGNOT、Adeline GRATTARD、Anne-Sophie PIC、François ADAMSKI、Yannick ALLENO、Frédéric ANTON、Pascal BARBOT、Alexandre BOURDAS、Michel BRAS、Eric BRIFFARD、Alexandre COUILLON、Jean COUSSEAU、Arnaud DONCKELE、Alain DUTOURNIER、Philippe ETCHEBEST、Guillaume GOMEZ、Gilles GOUJON、Eric GUERIN、William LEDEUIL、Bernard LEPRINCE、Régis MARCON、Thierry MARX、Philippe MILLE、Olivier NASTI、François PASTEAU、Eric PRAS、Emmanuel RENAUT、Olivier ROELLINGER、Michel ROTH和Christian TETEDOIE。

Bruno de Monte, 巴黎斐杭狄法國高等廚藝學校校長

Sommaire

目錄

FERRANDI Paris, l'école française de gastronomie

巴黎斐杭狄：法國高等廚藝學校

巴黎斐杭狄的歷史始於1920年代。巴黎與巴黎大區工商會（Chambre de commerce et d'industrie de Paris Ile-de-France）設立了一間技術職業學校。計畫是培訓年輕人成為合格的屠夫、肉品商、廚師、香料商、麵包師和糕點師。

透過技術職業學校一詞，斐杭狄的理念回歸至學校傳承的基因，也因而成為享譽國際的學校。培訓人數由100名學生開始，並配置12名教授，其中6名負責技術教育，其餘則是一般教育。1958年設址於巴黎第六區，尚・斐杭狄路（rue Jean Ferrandi）11號，後來又增加了兩項新的技職行業：餐飲服務與水產商。

1970年代初期，學校結合了職業培訓中心（Centre de Formation des Apprentis, CFA）。新的組織象徵著重大的轉捩點，首創建教合作模式—編制800名的學生，在校上課與在企業中活動進行輪替。這樣的教育模式始終是斐杭狄DNA的一部分，並藉此與專業人士建立極具價值的良好關係。

10年後，始終為料理界先驅的巴黎與巴黎大區工商會（CCI de Paris Île-de-France）在學校內部創立了一種獨特的培訓課程，目標是訓練出具高等廚藝，未來「企業的領導主廚 chefs-chefs d'entreprise」。課程結合了企業管理和廚藝專長等雙重能力，讓錄取者做好創作或讓餐飲業重振旗鼓的準備。2001年設立的「餐廳管理人 Manager de restaurant」選項，讓課程內容更加豐富。30年來持續的「學士 Bache-lor」課程，至今仍是斐杭狄的標準文憑，在專業人士和希望經過培訓後投身料理界的人們眼中也是如此。自1920年以來，斐杭狄已培育出好幾代的料理主廚、甜點主廚、麵包師、飯店老闆、餐廳的經理和管理人，以及數十位的企業領導者。

2014年，1300名擁有職業任用證書（CAP）或碩士（Bac ＋ 5）文憑的學生，經常穿梭在斐杭狄校區的走道，其中200名學生屬於國際組（以英語授課）；每年更有2000名的成人選擇參加進修課程。不論是課程等級、特色、類型、職別的幅度之廣，構成斐杭狄的獨特之處，更展現專業及豐富的人材資源。

L'ÉCOLE DE L'EXCELLENCE
卓越的學校

在斐杭狄註冊的學生，不論是法國人還是來自其他國家，都是因學校的卓越慕名而來。他們知道這裡的課程都是由高水準的教授授課，教授們來自知名餐廳，有些還擁有法國最佳職人（MOF）的頭銜，都是學校以最高標準的嚴格篩選過程招募而來，而且這些教授在該領域至少都擁有十年以上的實戰經驗。求職者充分瞭解學校的嚴格要求，展現出他們對於傳授專業技術的強烈渴望。他們同時也因為抱持著相同的想法，贊同學校特有的理念而來。除了這支經過精挑細選的內部精英部隊以外，還有合作的教授、美食界的知名人士、法國最佳職人和米其林廚師、著名的料理主廚和甜點主廚，也

為「大師課程Masterclass」的推動貢獻時間與心力。在培訓課程中邀請全世界的主廚前來,透過他們的參與,有助於打開通往全世界美食的大門。這些主廚、料理界的領導人物,都讓斐杭狄令人驕傲的教學陣容變得更加堅強,不會相形失色,反倒大大地增添了光彩。基礎培訓課程的老師、負責國際組的專任老師、高等課程或進修教育的老師們,都滿懷熱情且真誠地全心投入,並以認真的態度、慷慨不藏私地讓高品質教育至今仍不斷進化。

UN LIEN FORT ENTRE L'ECOLE ET L'ENTREPRISE
學校與企業間的強力連結

這些和斐杭狄親近的教授們,也確保了學術界和業界之間的連結。這樣的關係是學校重要的成分,也是學生成功的關鍵之一。學生在業界專業人士的餐廳裡實習或建立最初的經驗,這些專業人士正因其嚴格的要求、才華和專業技術而聞名。

UNE ECOLE AUX FORMATIONS PLURIELLES
多元培訓的學校

巴黎斐杭狄的重要課程:「學士Bachelor」學位也在波爾多(Bordeaux)開課,如今成為學校的代表性課程,但本機構也以許多受人推崇的培訓進修課程著稱。同一地點還可與廚師、麵包師、糕點師、飯店老闆、侍者、餐廳主管擦身而過,這些專業人士來到繼續進修的環境裡或增長知識,或報名參加「訓練周Training Weeks」的強化培訓進修課程。

因此,多元與多樣化這兩個詞,正是斐杭狄的完美寫照。斐杭狄是唯一一所歡迎大學畢業的年輕人前來培訓成為專業廚師、麵包師或糕點師,同時也開放讓持有職業任用證書或職業類會考文憑的專業人士,報名進修專業文憑或職業任用證書相關課程以充實學識的學校;讓受高等教育(法國高級技術文憑BTS、學士、高級甜點課程Programme supérieur de pâtisserie或碩士Mastère spécialisé)的青年、準備轉業的成人、和專業人士,齊聚在此進修,我們以此自豪。在學員編制中還加入了外國學生,他們為了學習「法式」料理、追求精進廚藝,或甜點的基礎知識與技術而來,全世界只有在巴黎斐杭狄。

UNE ECOLE QUI EVOLUE
不斷演化進步的學校

巴黎斐杭狄的獨到之處就是它不斷演化進步的能力。例如進修教育便致力於創新潮流,並針對渴望將自身技術提升至某個境界的餐飲業專業人士、個體經營者、業界人士、中小企業或大集團,推出符合他們期待的課程;訓練課程甚至可以量身打造,在某些情況下,教授也能到店教學。

學校與業界的緊密接軌,讓學校得以和專業人士持續保持聯繫,因此能夠聆聽他們的需求,並順應需求進行調整。

UNE ECOLE OUVERTE SUR LE MONDE
對世界開放的學校

巴黎斐杭狄自詡屬於法國高等廚藝學派偉大文化傳統的一部分,也以此知名。如同一名畫家可能屬於義大利或佛萊明學派的一分子。然而,這與傳統緊緊相依的關係並未使學校故步自封。斐杭狄不斷進化,並適應新的技術、新的飲食潮流以及餐飲趨勢,同時對全世界的料理文化開放。定期有海外

的教授前來傳授他們的知識並分享他們的料理傳統；也經常有外國的主廚到法國來進修，然後回到自己的國家裡發光發熱。

UNE ECOLE OUVERTE SUR LE MONDE
引領創作的學校

巴黎斐杭狄首要扮演的角色：傳授基本知識—美食的「入門原理」，但絕不僅如此。一旦確定學生已習得了基礎（沒有基礎便無法創作出穩定的作品），學校就會在課程中為學生提供創造、思考的時間，接著聆聽他們的提議，讓他們能夠具體展現對料理的想法並實踐。

此外，在斐杭狄「料理創意研討會Atelier de creativite culinaire」中，除了業界主廚們，更透過召集各界專家，包括經濟學家、歷史學家、藝術家和心理學家…等集思廣益，探討與創意相關的研究主題。研究成果發表在年度期刊《Table Ouverte》中，並應用在教學。

DES EQUIPEMENTS SUR MESURE
量身打造的設備

巴黎斐杭狄享有位於巴黎市中心的地利之便。位於蒙帕納斯區（Montparnasse）與聖日耳曼德佩區（Saint-Germain-des-Prés）之間，樂蓬馬歇百貨公司（Bon Marché）近在咫尺，學校佔地25000平方公尺，擁有完全符合料理領域的需求，與其教育機構的設備。除了用來教授理論課的教室外，學生還可使用25間包括料理、甜點、熟食和麵包的實驗室，2間對外開放的應用餐廳，1間葡萄酒工藝實驗室，1間梯形教室，1間備有參考著作、期刊和雜誌的資料中心，讓學生們

能夠掌握時事和料理界的趨勢。

LES RESTAURANTS D'APPLICATION
應用餐廳

若不實際操作，理論便毫無用處，巴黎斐杭狄理所當然設有應用餐廳，讓未來的專業人士能夠在真實的條件下，練習他們的職能。「Le Premier」餐廳，保留給持有CAP、職業高中會考證書（Bac professionnel）和BTS的學生，定位為傳統餐廳。4樓的「Le 28」餐廳，是進行偏向美食學研究的地方，讓學士課程的學生們可以同時在課堂和廚房裡表現。供餐的品質說明了這些明日之星的才華，而他們所推出的創意料理，食客們也認為具有星級水準。

LES PARTENARIATS
合作關係

為了使教學更完善，並為學生的環境盡可能提供最多的機會和開放性，巴黎斐杭狄與知名機構締結了許多重要的合作關係，他們的加入能夠豐富與料理工作相關的文化。在這樣的背景下，位於圖爾（Tours）的拉伯雷大學（Université François Rabelais）教授美食學、農產品、餐桌藝術的歷史和味道社會學；蘭斯高等藝術設計學校（Institut supérieur des arts et du design de Reims）展現烹飪設計；法國時尚學校（Institut français de la mode）負責激發學生的創意；更與巴黎高等商業研究學校（HEC Paris）合作，以培養學生的企業家精神。既然實作為關鍵的一環，本校與GOBELINS影像學校締結了獨特的合作關係，成立烹飪攝影工作坊—結合烹飪與攝影。

為了讓學生能夠積極參與專業職場的生活，斐杭狄和主要的職業協會：法國烹飪大師協會（Maîtres cuisiniers de France）、法國餐飲烹飪學校（Académie culinaire de France）、法國最佳職人協會（Société des meilleurs ouvriers de France）、餐飲與經營主管俱樂部（Club des directeurs de la restauration et de l'exploitation）、法國廚師協會（Association des cuisiniers de la république）、法國國家廚藝學會（Académie nationale de cuisine）、歐洲首席廚師協會（Euro-Toques）等…維持著密切的合作關係。學生們也經常參予由斐杭狄籌辦的烹飪比賽，以及各機構的活動：法式餐飲俱樂部（club de la table française）的會員餐點、法國總統新年致辭等。

本校以榮譽培育出的畢業生，具備公民意識、寬容、慷慨等美德，也包括團結與行善。

LA MAISON DES CHEFS
主廚之家

若學生願意參與不同的挑戰，巴黎斐杭狄一直都是重要職業競賽的接待單位。每年約需安排80場類似MOF法國最佳職人（Meilleur Ouvrier de France）的比賽考核。

LE CONSEIL D'ORIENTATION
導師會議

學校的導師會議由世界上摘下最多米其林星星的主廚喬埃·侯布雄（Joël Robuchon）主持，為課程的品質和機構的運作提供了保障。28位甜點主廚、廚師、麵包師和美食界相關人士齊聚一堂，一同交流、思考並討論業內相關，科技與藝術的技術演化。極高水準的專業人士集會是本校特有的活動，使巴黎斐杭狄成為獨一無二的技職機構。

LE CONSEIL D'ETABLISSEMENT
機構理事會

這是學校的管理委員會。由喬治·納圖（Georges Nectoux）主持，並由巴黎大區26位企業的領導主廚所組成，成員由巴黎工商會選出，這些成員與管理團隊合作，注定要為斐杭狄鋪設一個美好的未來。

UNE JOURNEE A FERRANDI Paris
巴黎斐杭狄的一天

第一批學生很早就來到學校。才剛六點，麵包師傅和糕點師傅已經開始忙碌。從通過學校前面幾道大門開始，斐杭狄的多元性便展露無遺。這天早上，一組轉業的成人正在以麵包店的規格製作麵包，以便日後經營自己的店。為了讓他們的案子能夠獲得受理，候選人的職業計畫會經過審慎的分析，而動機就是許可的關鍵，唯獨專業可確保成功。斐杭狄標榜驚人的考試合格率，因為在受訓的全體學員中，有97%的考試合格率，而93%的人在6個月的時間內就能找到工作。在第一批學生忙著製作麵包的同時，隔壁房間裡年輕的臉龐，背景完全不同。團團圍在剛出爐的維也納麵包（viennoiseries）旁，這些是CAP培訓課程附屬麵包店的學徒，已持有CAP（糕點或料理）或BAC Pro Cuisine（專業料理）文憑的人，也前來完成他們的培訓並充實他們的技能，最重要的就是學習與實踐。應用餐廳所供應的大部分產品都已經被預訂，其餘將提供給餐廳的客人，或是在早上賣給學生。

在稍遠的中庭，這裡的情況又更為不同，講的已非同一種語言。這裡必須講英文，目的是讓加拿大人、科威特人和台灣人能夠彼此對話，尤其是當負責以英語授課的教授，傳授法式糕點的基礎知識，讓不同國籍的學生們能夠理解教授的上課內容。在5個月的時間裡，這些外國學生習得法式糕點的精神、基礎知識和技術，接下來他們能夠在糕點實驗室或餐廳裡擔任要角，甚至是開店。入學的學生若希望能在此安頓，或是將他們的所學帶著「法國製造」的認證回到自己的國家工作，首選就是到斐杭狄註冊，因為本校享有一揚名國際的盛名一也因為實習的時間長，得以增長見聞，並在經過一段時間歷練後能夠融入法國的企業。這些在「以英語授課」的課程中展露無遺。

參訪繼續來到鄰近的廚房，當天的廚房為了連續3天的專業人士培訓而佈置，具「bistronomique小酒館」風格等主題。在對面的建築物裡，年輕的糕點學徒正在製作巧克力。穿越幾公尺長的庭院，打開大門拾級而上，您現在來到了教授理論課的教室前…接著出現在眼前的是另一個廚房，時間接近上午的尾聲，泰國、澳洲和英國的學生，在以英語授課的教授專注的指導下，正在製作鮭魚的菜餚。

午餐的休息時間在「Le Premier」餐廳裡度過。顧客就座，準備讓面帶笑容且熱情的年輕學生服務，他們在餐廳內教授專注的眼神下動作，教授們也不忘盡力為訓練和進步提供建議。廚房裡重複著同樣的流程，學生烹飪，教授監督。他們對烹調以及擺盤提出建議，讓學生得以展現出儼然專業人士的模樣。

傍晚來到5樓，幾名學士學生協助一位知名甜點師傅進行他所教授的「Masterclass大師課程」，其他學生則準備當晚將在「Le 28」餐廳供應的晚餐。當週的「chefs主廚」學生及其教授進行最後的佈置和調整。隨著時間到來，顧客將入坐，以平實的價格愉快地享用高級餐飲。至於學生們，在進行服務時，也是他們必須爭取的考試成績之一。

晚上11點，學士班的應用餐廳「Le 28」剛經過人聲鼎沸餐飲服務的洗禮，此時的校園非常寧靜…最後的顧客離開餐廳，廚房裡正在清理「coup de feu開火」的痕跡，學生們明顯的一臉倦容，但他們在經營餐廳時的笑容說明了對剛剛達成的服務相當滿意。和教授交換一些意見，分享感想，並對晚餐進行分析，這時也是返家的時刻，隔天又是全新的開始，持續而明快的日常節奏。

LE LIVRE
關於本書

現在您對《FERRANDI斐杭狄法國高等廚藝學校》已有更深入的瞭解。翻閱本書將讓您理解一間被全世界奉為「圭臬」的機構，所採行的教育訓練。受到學士課程的教育所啟發，這些食譜將讓您如受訓學生般進步。依您的專長或經驗而定，可嘗試看起來最符合您能力的等級。等級1適合經驗較不足的學習者；等級2則適合已獲得認證的廚師；等級3需對烹飪技術有完美的掌握，以執行由傑出主廚一斐杭狄過去的畢業生、導師或副教授會議成員的著名食譜。可以確定的是，無論您的程度如何，請跟隨自己的慾望、樂趣，挑戰看起來似乎「複雜」，甚至是品嚐偉大主廚的獨創食譜。

LA CUISINE ET LA TECHNIQUE
料理與技術

若說料理是一段關於熱情和愛的歷史，其中也帶點技術的部分。將番茄去皮，切成 brunoise 小丁或 mirepoix 骰子塊；將魚去骨，取下 filet 魚片；處理家禽；分切兔肉；將胡蘿蔔切成 tourner 橄欖狀，或是將柑橘類水果削皮，將基本廚藝透過一個個詳盡的步驟、接著進入關鍵技巧，傳授正確的手法，完美掌握廚藝的基石。藉由這些技巧的步驟圖解，您能獲得向實作邁進的建議與指引，同時也能理解成功完成這些食譜的訣竅。

LES TABLES RONDES
圓桌會議

斐杭狄會針對不同的主題展開圓桌會議：依選擇的主題提供建議、資訊，討論關於食材的保存，並依食材的用法、季節特性提供烹飪的訣竅。學校的教員們經過討論並匯整出這些資料，希望能夠傳達給您，並和您分享他們部分的知識和專門技術。您也能從本書中找到關於如何選擇食材、保存食材的實用內容，以及如何善用這些食材的一些建議與訣竅。

L'ESPRIT
精神

沒有好的食材，就不會有好的料理，這是斐杭狄的教授們一再強調的重點。季節性也不能違抗，沒有例外！肉類、魚類、海鮮和甲殼類、水果和蔬荣，只有當季才能展現出最佳品質，這是必須遵守的首要原則。此外，您也能在本書的最後找到適合各季節製作的食譜，只需耐心等到適當的時期，就能大展身手並大快朵頤。

LE PORC

豬肉

CASSOULET DE TOULOUSE

土魯斯砂鍋燉肉

6人份
準備時間：3小時
烹調時間：3小時

INGRÉDIENTS 材料

塔貝豆（haricots tarbais）600克
鴨腿肉（cuisses de canard）2塊
百里香
月桂葉
黑胡椒粉
鴨油（graisse de canard）200克
豬肩肉（épaule de porc）600克
羔羊肩肉（épaule d'agneau）600克
洋蔥2顆
大蒜5瓣
香料束1束
土魯斯香腸（saucisse de Toulouse）
300克
粗鹽
細鹽

fond de cassoulet 砂鍋燉肉高湯
豬皮300克
半鹽豬蹄膀（jarret de porc demi-sel）
1隻
豬腳（pied de porc）1隻
迷迭香香料束（bouquet garni au romarin）1束
胡蘿蔔1根
鑲了丁香的洋蔥（oigon clouté）1顆

USTENSILES 用具
砂鍋（Cassole）或有柄平底鍋
（caquelon）

1▸ 前一天，製作砂鍋燉肉高湯：將豬皮捲起，用繩子綁好。燙煮豬蹄膀、豬腳和豬皮。瀝乾，用清水沖洗，接著再放入大型雙耳深鍋中，倒入冷水蓋過材料，煮沸並加入香料束和調味蔬菜。燉煮至少3小時。為鴨腿肉撒上粗鹽，用百里香、月桂葉和黑胡椒醃漬一整晚。

2▸ 用冷水淹過塔貝豆，加以浸泡，接著冷藏。清洗腿肉後擦乾，和鴨油一起入烤箱，以小火烘烤（100℃，熱度3-4）進行油封直到骨肉可輕鬆分離。

3▸ 品嚐當天：將豆子瀝乾、燙煮、沖洗，接著和砂鍋燉肉高湯一起放入鑄鐵平底深鍋中，煮至適當的熟度（豆子必須軟化，但不會散開）。

4▸ 將豬肩肉和羔羊肩肉切塊（3-4公分），用鹽稍微調味，在平底煎鍋中加入鴨油，以大火快炒，接著倒入雙耳深鍋或燉鍋中。加入切碎的洋蔥、切碎的大蒜、胡椒粉，倒入可蓋過材料的砂鍋燉肉高湯，接著加入香料束和大量的黑胡椒粉。以小火長時間慢燉。

5▸ 讓土魯斯香腸維持完整的彎曲狀，用叉子叉起，放入平底煎鍋中用大火油煎。將肉塊從砂鍋燉肉高湯中取出，接著切成大丁。豬皮也以同樣方式處理。將豬蹄膀去骨，將肉鬆開成小塊，然後將皮切成大丁。

6▸ 砂鍋燉肉的組裝與完成：將肉（香腸和油封肉除外）和塔貝豆混合。

▶倒入砂鍋（如果沒有的話，就倒入有柄平底鍋）、或小型陶製容器中，罷上切成數等份的香腸，並在上面放上油封鴨肉，接著讓所有材料浸泡在少鍋燉肉高湯中。以180℃的小火慢慢烘烤，將表面烤成漂亮的金黃色。

為了遵循傳統，請用木匙（spatule en bois）將砂鍋燉肉的表面壓平（原則上是7次！）。請趁熱連同砂鍋一起端上桌享用。

VARIATION DE PORC
ET DE HARICOTS
豬肉燉豆變化料理

6人份
準備時間：2小時
浸泡時間：1個晚上
（紅腰豆 haricots rouges）
烹調時間：3小時

INGRÉDIENTS 材料
1公斤的豬里脊（longe de porc）1份

***jus de veau* 小牛原汁**
小牛修切下的肉塊（parures de veau）
500克
調味蔬菜200克
（胡蘿蔔、洋蔥、大蒜2瓣、
韭蔥、香料束）

***chapelets de legumes* 蔬菜串珠**
新鮮法式白豆（cocos de Paimpol
frais）200克
家禽基本高湯（見24頁）1公升
紅腰豆（haricots rouges）100克
豌豆莢100克
四季豆100克
串收番茄（tomates grappe）500克
調味用艾斯伯雷紅椒粉

***fiition* 最後完成**
韭蔥嫩苗（pousses de poireau）1盒
甜菜葉（feuille de betterave）20片
琉璃苣花12朵

USTENSILES 用具
漏斗型網篩
直徑3公分的壓模

1▸ 肉的處理：修整豬里脊，將肉塊切成平整的方形。

2▸ 製作小牛原汁：用一些油脂將碎肉塊炒至上色，去掉多餘的油，加入200克切碎的調味蔬菜，炒至出汁，接著用水淹過，煮沸。加入香料束，以微滾的方式將湯汁收乾一半。用漏斗型網篩過濾，調味，預留備用。

3▸ 在煎炒鍋中用一些油脂將豬里脊煎至上色，接著入烤箱，以低溫（90℃，熱度3）烘烤至肉質柔軟。

4▸ 燙煮法式白豆，瀝乾並沖洗，接著和白色家禽基本高湯及150克的調味蔬菜一起燉煮。浸泡一整晚後，燙煮紅腰豆，接著和家禽基本高湯及剩餘的調味蔬菜（50克）一起燉煮。為四季豆和豌豆莢進行英式汆燙（加鹽沸水）。接著豆莢斜切（見436頁）。

5▸ 將番茄去皮（浸入適量加鹽沸水中一會兒後去皮），去籽，接著用圓形壓模進行切割。

6▸ 撒上些橄欖油並以香料調味，入烤箱，以小火（100℃，熱度3-4）烤至軟化。

7▸ 依個人喜好製作白色（法式白豆泥）、綠色（四季豆和豌豆莢泥）和紅色豆泥（紅腰豆泥），在每種蔬菜泥中加入一些蔬菜烹煮湯汁，然後用打蛋器混入奶油。

8▸ 擺盤：在每個盤中用蔬菜泥和少許醬汁（小牛原汁）交替排成1條河。將豬里脊切片，接著切半。將切成半片的豬里脊擺在蔬菜河中。用番茄片、豆粒、韭蔥嫩苗、甜菜葉和琉璃苣花進行裝飾。

MOELLEUX DE POITRINE DE PORC CROUSTILLANTE, CHUTNEY DE COURGETTE ET TOMATE AU GINGEMBRE

酥嫩豬五花佐薑香櫛瓜番茄酸甜醬

**方索瓦·帕斯多（François Pasteau），巴黎斐杭狄校友。
校友協會主席（Président de l'Association）。**

方索瓦·帕斯多是一位對環境很敏感的主廚，致力於永續發展，專注在季節和當季的食材上。他和他的團隊從日常生活中汲取靈感，推出對環境負責的「在地」菜餚。

6人份
準備時間：45分鐘
烹調時間：15分鐘＋24小時

酸甜醬：將櫛瓜和番茄切成骰子塊。在食物調理機中攪打去皮生薑、大蒜和1顆番茄。在雙耳燉鍋（大型鑄鐵平底深鍋）中，將醋、白酒、糖、香料和打好的薑蒜番茄泥煮沸，加入櫛瓜、番茄和粗鹽，煮至融合。

INGRÉDIENTS 材料
豬五花（poitrine de porc）1.5公斤
新鮮大蒜3瓣
平葉巴西利 ½ 小束
麵粉 50 克
蛋 2 顆
麵包粉（chapelure）200 克
橄欖油
奶油

五花肉的烹煮：取下豬皮，將五花肉攤開。同一時間，將大蒜剝皮，去芽，然後燙煮。將平葉巴西利的葉片摘下，切成細碎。將大蒜切碎，然後和平葉巴西利混合，將這混合物鋪在五花肉上。用耐高溫保鮮膜（film de cuisson）將五花肉捲起，再包一層，加以密封，接著將五花肉放入真空袋（sac sous vide）中。以70℃溫度的水中低溫烹調24小時，或以燉鍋烹煮。

冷卻後：切成2公分厚的片狀。為每片肉依序裹上麵粉、蛋液，接著是麵包粉。在平底煎鍋中，用橄欖油和奶油將裹粉的五花肉煎至上色。上色後請立即搭配酸甜醬上菜。

chutney 酸甜醬
櫛瓜 750 克
番茄 400 克
新鮮生薑 75 克
大蒜 2 瓣
酒醋（vinaigre de vin）15 毫升
白酒 15 毫升
糖 225 克
咖哩粉（curry en poudre）1 大匙
薑黃粉（curcuma en poudre）1 大匙
粗鹽

USTENSILES 用具
食物調理機
雙耳燉鍋或鑄鐵燉鍋
煎炒鍋

FILET MIGNON DE PORC RÔTI, POMME DE TERRE ET JAMBON CRU

生火腿馬鈴薯烤豬菲力

6人份
準備時間：1小時30分鐘
烹調時間：1小時

INGRÉDIENTS 材料

豬菲力（filet mignon de porc）1塊
生火腿（jambon cru）2片
阿克瑞亞馬鈴薯（pommes de terre agria）3顆
粗鹽200克
BF15馬鈴薯10顆
澄清奶油（見66頁）
紅蔥頭6顆
奶油50克
紅酒300克
細香蔥1小束
香葉芹½小束
平葉巴西利¼小束
榛果油20克

jus de cochon 豬肉原汁

豬五花和豬小排（poitrine et de travers de porc）500克
紅蔥頭100克
洋蔥50克
西洋芹50克
胡蘿蔔100克
香料束1束
奶油100克
水或棕色小牛高湯（見36頁）1公升
紅酒或波特酒100毫升
胡椒粒

USTENSILES 用具

壓板（Batte）
直徑10公分的圓形慕斯圈6個

1▸ 將豬菲力像烤肉般用繩子綁起。

2▸ 在煎炒鍋中，將每一面煎烤至上色，接著再入烤箱以180℃（熱度6）烤12分鐘。

3▸ 調配烤豬肉原汁（見50頁的小牛原汁製作步驟），並在高湯濃縮成半釉汁（demi-glace）時加入生火腿小丁。預留備用。

4▸ 製作馬鈴薯薄餅：將阿克瑞亞馬鈴薯擺在一層粗鹽上，入烤箱以180℃（熱度6）烤1小時。去皮，接著將馬鈴薯夾在二張烤盤紙之間，用壓板（或擀麵棍）壓成1.5公分的厚度。裁成6個直徑10公分的圓，然後再個別夾在二片預先塗上橄欖油的小張烤盤紙中。

5▸ 製作安娜馬鈴薯餅（galettes de pomme de terre Anna）：將BF15馬鈴薯清洗並去皮，但不要沖洗，接著切成相當規則的圓形薄片，在鋪有烤盤紙的烤盤上放上直徑10公分的圓形慕斯圈，用馬鈴薯片在慕斯圈中排在圓花飾。刷上澄清奶油，入烤箱以160℃（熱度5）烘烤，烤至馬鈴薯微微上色。

6▸紅蔥頭：用奶油將切成薄片的紅蔥頭炒至出汁，淋上酒，接著浸漬。如有需要，可將湯汁再度濃縮。

7▸擺盤：將豬菲力切成薄片。在不沾平底煎鍋中，保留烤盤紙，將壓平的馬鈴薯圓餅煎至上色。

8▸用圓形慕斯圈在餐盤中央組裝食材，先鋪上馬鈴薯圓餅，加上一些用紅酒浸漬的紅蔥頭、幾片豬菲力排成圓花飾狀，最後再放上安娜馬鈴薯餅。再擺上用榛果油調味的綜合香草（切成5公分條狀的細香蔥、香葉芹、平葉巴西利）。在周圍淋上帶有火腿丁的豬肉原汁。

FILET MIGNON DE PORC RÔTI À LA PATA NEGRA, GAUFRES DE POMME DE TERRE

黑蹄烤豬菲力佐馬鈴薯鬆餅

6人份
準備時間：1小時30分鐘時
烹調時間：1小時

INGRÉDIENTS 材料
黑蹄生火腿
（jambon cru pata negra）6片
伊比利黑豬菲力（filet mignon de
porc noir ibérique）1份
平葉巴西利1小束
豬油網（crépine）200克
豬肉原汁（jus de cochon）（見314頁）
200克
香薄荷（sarriette）¼ 小束
葡萄籽油（huile de pépins de raisin）
100克
壓平的馬鈴薯餅（pulpe de pomme
de terre tapée）600克
（見314頁等級1的食譜）
蛋4顆
西班牙舌型椒（pimientos del
piquillos）3根

garnitures 配菜
朝鮮薊底部（布列塔尼
卡繆camus品種）3大塊
檸檬1顆
鮮奶油80克
奶油15克
普羅旺斯紫朝鮮薊3個
橄欖油
家禽基本高湯（fond blanc）100克
小蠶豆12顆

fiition 最後完成
平葉巴西利葉18片

USTENSILES 用具
烹飪溫度計（Sonde de cuisson）
擠花袋（Poche）（無擠花嘴）
料理刷（Pinceau de cuisine）
鬆餅機（Gaufrier）

1▶ 烤肉：將黑蹄生火腿片切成和豬菲力同寬的大小，保留碎屑用來製作黑蹄生火腿油。

2▶ 從豬菲力上切下6片肉片，攤平，然後將火腿片擺在豬菲力上。

3▶ 全部捲起，重新形成肉塊，肉塊外鋪上平葉巴西利葉片。

4▶ 用豬油網捲起，綁上繩子固定。

5▶ 用煎炒鍋將肉捲煎至上色，將溫度計刺進肉捲內，接著放入預熱至80℃（熱度2-3）的烤箱中，烤至溫度計顯示肉捲中心溫度達58℃。從烤箱中取出，蓋上鋁箔紙，靜置15分鐘。

6▶ 調製豬肉原汁（見50頁，用500克的豬五花和小排來取代小牛肉），並將香薄荷浸泡在裡面。

7▶ 製作黑蹄生火腿油：將黑蹄生火腿碎屑放入葡萄籽油中，加熱，接著浸泡並過濾。

8▶ 製作馬鈴薯鬆餅：在壓碎的馬鈴薯泥中混入4顆蛋，接著放入鬆餅機中烤成鬆餅。

9▶ 製作配菜：在加了鹽和檸檬汁的沸水中燉煮卡繆camus品種的朝鮮薊底部10分鐘，瀝乾，接著用電動攪拌器攪打，並加入鮮奶油和奶油加以乳化。務必保留濃稠的質地。調整調味並裝入擠花袋中。

10▶ 轉削普羅旺斯紫朝鮮薊（見446頁的技巧），縱切成4塊，接著以橄欖油和家禽基本高湯燉煮15分鐘。加入去殼小蠶豆，煮2至3分鐘。

11▶ 在湯盤上鋪上保鮮膜，用刷子刷上油，擺上塗油的平葉巴西利葉，再蓋上第二張保鮮膜。在保鮮膜上數處戳洞，接著放入微波爐，依平葉巴西利葉的大小而定，以900 W的火力微波1至3分鐘，每30秒檢查一下加熱的程度。將平葉巴西利葉從微波爐中取出，擺至吸水紙上。預留備用。

12▶ 擺盤：將烤肉捲切成5公分厚的圓餅。在每個盤中擺上3塊、3格的鬆餅，並在鬆餅的格子裡擺入西班牙舌型椒小丁、以擠花袋擠上朝鮮薊糊、一些混合黑蹄生火腿油的香薄荷原汁，接著到處擺上小蠶豆、油煎的朝鮮薊和少許豬肉原汁。加入幾片微波油炸的平葉巴西利葉。

6人份
準備時間：1小時
烹調時間：30分鐘

INGRÉDIENTS 材料

巴斯克地區漂亮的豬菲力6塊
（每塊120克，從2塊豬菲力上切下）

viennoise 維也納麵包片
大蒜 ½ 瓣
青檸檬1顆
麵包粉60克
奶油80克
帕馬森乳酪15克

jus 原汁
大蒜2瓣
紅蔥頭50克
修切下的豬肉塊（排骨 travers）300克
奶油50克
家禽基本高湯（見24頁）1公升
百里香1株
甘草棒（bâton de réglisse）1根

accompagnements 搭配
栗子南瓜1顆
伊比利羅摩風乾豬里脊（lomo ibérique）250克
馬斯卡邦乳酪（mascarpone）200克
橄欖油50毫升
奶油50克
大蒜1瓣
百里香1株
鹽、胡椒

fiition 最後完成
野生芝麻菜（riquette）（或阿齊納水芹 Atsina® cress）120克

USTENSILES 用具
漏斗型濾器
直徑8公分的圓或月亮形狀的壓模
火腿切片機
裝有擠花嘴的擠花袋

FILET MIGNON DE COCHON BASQUE RÔTI, CONFETTIS DE LOMO, POTIMARRON ET JUS À LA RÉGLISSE
巴斯克烤豬菲力佐豬肉片碎花與栗子南瓜甘草汁

愛曼汀·雪儂（*Amandine Chaignot*），巴黎斐杭狄校友。

專業料理界，女性尤為稀少。愛曼汀·雪儂屬於新世代的主廚，為料理帶來新的視野和真正的女人味。當我們詢問她的料理風格，她形容為「自由、活潑和現代」，這也正是她本人的寫照。

維也納麵包片：將大蒜切碎，將青檸檬削皮。在厚底平底深鍋中，用80克融化的奶油翻炒麵包粉，放涼後加入帕馬森乳酪絲、切碎的大蒜和青檸檬皮。將維也納麵包糊夾在二張烤盤紙之間，接著切成寬3公分的帶狀，冷凍保存。

烤肉：修整豬菲力，並用綁肉繩綁成規則的烤肉塊（將邊緣折至繩子下）。

原汁：將大蒜和紅蔥頭切成薄片。在燉鍋中，用加熱成榛果色的奶油翻炒修切下的豬肉塊，接著加入紅蔥頭，炒至出汁，放入大蒜，再倒入家禽基本高湯，並加入百里香和壓碎的甘草棒。微滾1小時。用漏斗型濾器過濾，再加熱濃縮至形成糖漿狀的質地。調整調味並預留備用。

栗子南瓜：將栗子南瓜削皮、切成兩半、去籽，再切成4塊，接著用壓模切成半月形。在平底煎鍋中，用1塊核桃大小的奶油將每面煎3分鐘，保溫備用。

羅摩風乾豬里脊「碎花 confettis」：用火腿切片機將羅摩風乾豬里脊切片，接著切成邊長1.5公分的40個方形肉片，用裝有擠花嘴的擠花袋在其中20片肉片上擠上1塊核桃大小的馬斯卡邦乳酪，然後再交錯蓋上另外20片肉片。冷藏保存。

豬菲力：在鑄鐵燉鍋中，用一些油和奶油將豬菲力的每一面煎至上色，加入壓碎的大蒜、整枝的百里香，用鹽和胡椒調味，接著放入預熱至180℃（熱度6）的烤箱繼續加熱15分鐘，務必要讓肉質保持粉紅色。取出靜置5分鐘後去掉繩子。

最後完成：將帶狀的維也納麵包片切成和豬菲力一樣的大小，接著將尚未解凍的維也納麵包片擺在每塊豬菲力上，然後放在烤箱的烤架下烤一會兒至上色。

擺盤：在每個盤中擺上栗子南瓜塊和一塊烤豬菲力。撒上羅摩風乾豬里脊「碎花」，接著加入一些野生芝麻菜（或阿齊納水芹）。最後用胡椒研磨罐撒上1大圈的胡椒，並淋上原汁。

LES ABATS

内臓

Les abats
內臟

內臟屬於肉類的第五領域，即屠宰牲畜的四肢和內臟。由專門販售內臟的肉商販賣，但豬肉修切下的內臟除外，豬肉內臟會由豬肉商進行加工和出售；腰子和肝臟則由肉販來販售。

La conservation 保存

內臟變質得很快，最好在購買後立即食用。在需暫時保存的情況下，請將內臟擺在潔淨的布巾或餐盤上，然後冷藏保存。

區分爲：

Les abats blancs 白肉內臟：胸腺、腦（cervelle）、脊髓（amourette）、頭、腳、消化器官、腸系膜（fraise）、乳房（mamelle）、睪丸（animelles）。
Les abats rouges 紅肉內臟：肝臟、腎臟、舌頭、心臟、肺。

LE FOIE DE VEAU 小牛肝

小牛肝肯定是最細緻也最多人食用的內臟。請選擇平滑、沒有顆粒、淺紅色的小牛肝。食用前請先去掉不要的部分和筋，或是請肉販幫忙處理。

> *Conseils des chefs*
> 主廚建議
>
> 烹煮前，請先將肝擦乾晾乾，兩面都沾裹上麵粉後以輕拍的方式抖落多餘的麵粉。接著擺在榛果色奶油（beurre noisette）裡，以小火慢煎。在結束烹煮前漸漸加強火候，將肝煎成焦糖色。
> 在煎小牛肝的煎鍋中加入 1 瓣壓碎的大蒜可增添香氣，接著最後再淋上酒醋或陳年雪莉酒。
> ———

LES ROGNONS 腰子 / 腎臟

小牛腰子因肉質的細緻而深受好評。應選擇淺色（栗色）的腰子，尤其是不能起皺，也不能乾燥，而且必須從胸膜下方透出光澤。最好選擇被自身油脂包覆的小牛腰子，在製作時可再利用這層油脂來包覆腰子。

乳羊的腰子最爲細緻，並因其肉質的香甜軟嫩而深受喜愛。形狀像豆子的羔羊腰子需在烹煮前剖開，去除薄膜和腎盂後整顆烹煮，最後再切片。

La cuisson 烹煮

烹煮前請先去除油脂、薄膜和腎盂，接著將小葉切開，快速油炒，瀝乾後再油炒一次，進行最後的烹調。

LES LANGUES 舌頭

牛舌和小牛舌在市面上很常見，豬舌則較常用於豬肉製品（charcuterie）。

> *Conseils des chefs*
> 主廚建議
>
> 將小牛腰子整顆進行烹煮。一開始先將腰子煎至上色，接著瀝乾，最後再以中火加熱，一邊淋上加熱至起泡的奶油，並加入濃縮的小牛原汁。加熱結束時可再淋上醋、波特酒、馬德拉酒，或是用干邑白蘭地燄燒（flamber）。請將腰子切成薄片，並搭配芹香醬（persillade），將淡粉紅色切片的腰子端上桌。
> ———

La cuisson 烹煮

烹煮前，必須將舌頭浸泡在冷的清水中排除雜質—經常以少量的水更新水質—約浸泡 1 小時。接著燙煮 3 分鐘，再以高湯煮 1 小時 30 分鐘至 2 小時。
烹煮後將舌頭去皮、切片，可自行選擇蛋黃芥末醬（gribiche）、法式酸辣醬（ravigote）、豬肉醬汁（charcutière）或羅伯醬汁（robert）（可搭配或省略醃黃瓜）來上菜。小牛舌亦可製成生牛舌片享用。

LES RIS de veau et d'agneau 小牛和羔羊胸腺

胸腺由稱爲「蘋果pomme」（心腺）和「喉腺gorge」的兩部分所構成（用於酥皮餡餅vol-au-vent）。

La cuisson 烹煮

Avant cuisson 前置烹煮，將心腺放入加有少許醋的適量冷水中，排除雜質整整2小時（經常加入少量冷水來更新水質）。接著燙煮胸腺（一開始爲冷水），煮沸後再煮3分鐘，接著浸入冰水中冷卻，去掉不要的部分後，用潔淨的布巾包覆按壓，將小牛胸腺靜置24小時。羔羊胸腺則不需經過這個處理階段。

接著可爲胸腺進行「奶油香煎 meunière」式烹煮。在熱的平底煎鍋中用榛果色奶油（beurre noisette）油煎，（亦可在下鍋前撒上薄薄一層麵粉），油煎期間經常的淋上奶油，然後將油亮且煎成焦糖色的胸腺端上桌。胸腺因而變得特別軟嫩。

LE PIED DE COCHON 豬腳

這是主廚們的最愛、精選菜餚，而且價格又便宜，可以用多種方式烹調。

La cuisson 烹煮

在快鍋（Cocotte Minute）中煮1小時，接著將去骨的豬腳切碎或剁碎。接著以平底煎鍋油煎，並在烹煮結束時加入一點醋和一些莫城芥末醬（moutarde de Meaux），或是製成焗烤馬鈴薯（parmentier）或炸丸子（cromesquis）享用。

L'APPAREIL DIGESTIF 消化器官

羔羊的消化器官可以製成羊胃包雜燴（tripoux）或是羊腳包（pieds et paquets），小牛的消化器官可以製成內臟香腸（andouille），豬的消化器官用來製作豬肉製品（charcuterie），而牛的消化器官則包含腸子和牛肚。

LES JOUES 頰肉

可以切小塊或以整塊的方式進行清燉或煨煮。它是製作紅酒燉牛肉（bourguignon）或燉肉（daube）的首選部位。

Conseils des chefs 主廚建議

預先將頰肉浸泡在濃醇且高單寧的紅酒中醃漬，瀝乾並晾乾後煎至上色，然後加入醃漬醬汁進行長時間燉煮，煮至肉軟化（約3小時）。

煮好後，可將頰肉排成圓圈狀，淋上烹煮的濃縮湯汁，接著撒上一些檸檬皮，並搭配自製的馬鈴薯泥上菜。

膈柱肌肉（Onglet）、靠近大腿內側的腹部肉（hampe）、嫩牛腿肉（araignée）是纖維較長的部位，可燒烤或油炒，剖成兩片（ouvertes en deux）、「切片 slicées」，並搭配大量的紅蔥頭上菜。

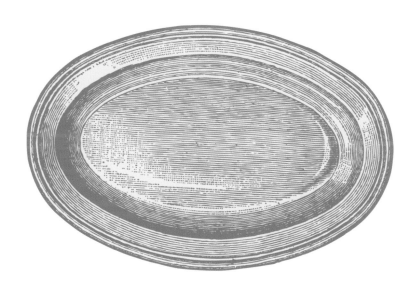

323

*

TERRINE DE FOIE GRAS
肥肝凍派

6人份
準備時間：48或36小時
靜置時間：12小時（肥肝浸泡牛乳以去腥）（可省略）
　　　　+ 24小時（鹽漬），接著12小時
　　　　（烹煮結束後）
烹調時間：1小時

INGRÉDIENTS 材料
800克的生鴨肝
（foie gras de canard cru）1塊
牛乳500毫升
薄片肥肉（barde）100克
鵝油（graisse d'oie）50克

assaisonnement du foie
肝的調味
細鹽6克
亞硝酸鹽（sel nitrité）6克
（向豬肉商購買）
白胡椒粉2克
肉豆蔻粉（muscade râpé）1克
紅椒粉（paprika）1克
抗壞血酸（acide ascorbique）1克
（於藥房購買）
糖2克
波特酒或馬德拉酒20克

USTENSILES 用具
陶罐（Terrine en porcelaine）
（附蓋子）
烹飪用溫度計

1▶ 鴨肝的準備：若您希望，可在前一天將肝葉泡在加入少許鹽的牛乳中去除腥味，並冷藏保存。在二片肝葉中仔細剔除大血管。進行剔除時請將二片肝葉分開。

2▶ 從中間輕輕將肝葉分開，直到碰到血管處，接著用刀將血管稍微拉起，輕輕拔出，小心不要弄斷。

3▶ 混合所有調味料，撒在剖開肝葉的正反二面。

4▶ 放入陶罐：將重組的二片肝葉放入具相當深度的陶罐中，將鴨肝壓實，以免烹煮時形成氣孔和變綠。為陶罐蓋上烤盤紙，冷藏一整晚，以免氧化。

5 陶罐的烹煮：在肥肝上鋪上薄片肥肉，以免烹煮時讓水分流失，為陶罐蓋上蓋子，接著以隔水加熱的方式，放入預熱至65-70℃（熱度2）的烤箱中烘烤。用溫度計確認烹煮程度；中心應為58℃。

6 烹煮過後：用不超過65℃的溫度將鵝油加熱至融化。移除薄片肥肉並丟棄，同樣倒掉烹煮湯汁，因為這些湯汁會導致肥肝難以保存，然後用融化的鵝油將肥肝淹過，以免肥肝變白。冷藏。

7 隔天即可食用。

TARTELETTES DE CHAMPIGNONS DE PARIS ET FOIE GRAS

巴黎蘑菇肥肝迷你塔

6人份
準備時間：1小時
烹調時間：3小時
（肥肝的部分）

INGRÉDIENTS 材料

*garnitures*配菜
500克的生鴨肝1塊
酸葡萄汁（verjus）1公升
結實的巴黎大蘑菇1公斤
鹽
胡椒粉

*galettes*烘餅
奶油50克
楓糖漿40克
薄餅皮（feuilles de brick）12片

*pâte de citron*檸檬醬
未經加工處理的檸檬2顆
奶油100克
檸檬糖漿（sirop de citron）1大匙
（瓶裝）

*fiition*最後完成
未經加工處理的檸檬100克
榛果油50克
鹽之花
柚子50克
魚子檸檬（citron caviar）50克
三色堇（fleurs de pensée）½束
牛肝蕈粉（Poudre de cèpes）

USTENSILES 用具
直徑12公分的壓模
刨切器

1▸ 肥肝：將肝葉分開，切半，去掉粗血管，然後將肥肝放入酸葡萄汁中醃漬3小時。

2▸ 製作烘餅：將奶油和楓糖漿一起加熱至融化，預留備用。

3▸ 用壓模將薄餅皮裁成18個圓，刷上混合好的奶油和楓糖漿。

4▸ 將每3片圓形薄餅皮疊在一起。

5▸ 擺在二個烤盤之間（用二張烤盤紙保護），接著放入預熱至160℃（熱度5-6）的烤箱烤約10分鐘。從烤箱中取出，預留備用。

6▸ 蘑菇的準備：將蘑菇去皮，淋上檸檬汁，以免氧化，但不要清洗。

7▸ 製作檸檬醬：清洗檸檬，用鋁箔紙包起（如同紙包的做法），放入預熱至150℃（熱度5）的烤箱中烤30分鐘。之後，將檸檬切半，接著去掉果肉（不要保留），並和100克的奶油及檸檬糖漿一起用電動攪拌器攪打果皮（保留白色的中果皮部分）。預留備用。

8▸ 迷你塔的組裝：用刨切器切蘑菇，將肥肝切成不會太厚的片狀，在每片薄餅皮上依序疊上一層蘑菇片（用檸檬汁、榛果油、鹽之花和柑橘果皮調味），一層用鹽和胡椒粉調味的肥肝片，最後務必要再疊上一層蘑菇片作為結束。

9▸ 撒上牛肝蕈粉。用三色堇和魚子檸檬的顆粒果肉裝飾，並將檸檬醬擺在餐盤邊緣，上菜。

FOIE GRAS
DES LANDES
ET COQUILLAGES
朗德肥肝佐海貝

菲利浦·艾許貝斯（Philippe Etchebest），米其林2星主廚，2000年MOF法國最佳職人。

6人份
準備時間：1小時30分鐘
烹調時間：1小時30分鐘

INGRÉDIENTS 材料
綜合胡椒粒20克
粗鹽1公斤
肥肝500克

XL竹蟶（couteaux）300克
蛤蜊300克

eau de mer 海水
牡蠣汁（jus d'huître）50毫升
氣泡水（eau gazeuse）400毫升
紫紅藻（dulse）30克
海萵苣（laitue de mer）30克
青檸檬汁50克

bouillon de pochage 燉煮高湯
紅蔥頭50克
平葉巴西利¼小束
奶油50克
白酒100毫升
木椿淡菜（moules de bouchot）
250克
魚高湯（見26頁）150毫升
味噌10克

légumes 蔬菜
迷你胡蘿蔔6根
迷你韭蔥6棵
紫紅藻20克
阿菲拉水芹（affila cress）1盒
青檸檬1顆

USTENSILES 用具
漏斗型網篩
烹飪溫度計
削鉛筆機（Taille-crayon）
（胡蘿蔔用）

這道菜肯定是主廚本人的寫照：充滿反差。菲利浦·艾許貝斯在他橄欖球員的氣魄和歷經考驗的堅強性格下，隱藏了一顆寬大慷慨的心，並以此作爲他料理的養分。他的菜餚具現代氣息，注重細節且味道豐富。

前一天，肥肝：將綜合胡椒粒磨碎，和粗鹽混合，接著將胡椒鹽仔細鋪滿肥肝表面，醃漬1小時30分鐘。清洗肥肝，裝入眞空袋中，以55℃加熱1小時15分鐘。若無眞空袋，就用保鮮膜包起，務必要完全密封，然後放入加熱至55℃的適量水中燉煮。放涼至隔天。

海水：混合所有材料，接著煮沸，關火後浸泡一整天。

品嚐當日：將肥肝從袋中取出（或去掉保鮮膜），接著切成約40克的片狀，在熱烤架上烤成格子花紋狀，預留備用。

燉煮高湯與淡菜：在大型的雙耳深鍋中，以加熱至起泡的奶油翻炒切碎的紅蔥頭和平葉巴西利，接著加入淡菜，倒入白酒，加蓋煮至淡菜開殼。傾析淡菜（用漏勺舀至另一個盤中），接著收集酒蔥煨法（marinière）的湯汁，加入魚高湯（份量最好和酒蔥煨法湯汁相等）、以及味噌醬，預留備用。

蔬菜：將胡蘿蔔削成鉛筆狀，去掉莖葉（只保留1小片葉片），接著進行英式汆燙（加鹽沸水）。瀝乾，接著用牙籤在最厚的部位戳洞，將1片胡蘿蔔葉片塞進洞裡。對韭蔥進行英式汆燙，將藻類泡在適量的清水中去除鹽分。

貝類的烹煮與擺盤：用漏斗型網篩過濾海水。在平底煎鍋中，用少量橄欖油將竹蟶和蛤蜊炒至開殼，用加熱至70℃的燉煮高湯將肥肝溫熱一會兒，接著連同貝類、蔬菜、藻類和阿菲拉水芹一起放入湯盤中。最後在上面撒上青檸皮。搭配一旁的海水上菜。

TÊTE DE VEAU SAUCE GRIBICHE

小牛頭佐蛋黃芥末醬

6人份
準備時間：1小時
烹調時間：1小時30分鐘

INGRÉDIENTS 材料
約1.4公斤的去骨小牛頭
（tête de veau）1個
水3公升
麵粉100克
檸檬汁1顆

garniture aromatique 調味蔬菜
香料束1束
胡蘿蔔3根
韭蔥1根
洋蔥2顆
紅蔥頭3顆
塊根芹（céleri boule）100克
西洋芹1枝
大蒜3瓣
粗鹽
白胡椒粒

garnitures 配菜
15號芳婷美人馬鈴薯
（belles de fontenay）750克
粗鹽
切碎的平葉巴西利⅛小束

sauce gribiche 蛋黃芥末醬
蛋3顆
芥末醬60克
細鹽
白胡椒粉
花生油250毫升
紅蔥頭½顆
龍蒿⅛小束
細香蔥½小束
平葉巴西利⅛小束
香葉芹⅛小束
酸豆10克
酸黃瓜（cornichon）10克

USTENSILE 用具
漏斗型網篩

1▸ 小牛頭的準備：將臉部的肉完全刮下後，仔細去骨。用大量清水刷洗。取下舌頭，一樣加以清洗，接著將小牛頭肉和舌頭緊緊捲起。用繩子將小牛頭肉綁起，或是放入料理專用的網袋（filet de cuisson）中。也可以直接購買已經捲好的小牛頭。

2▸ 烹煮：將小牛頭肉浸入大量的冷水中，煮沸，仔細撈去浮沫，接著用大型濾器將小牛頭瀝乾，並放入清水中冰鎮。接著放入大型容器中，用漏斗型網篩篩入麵粉。

3▸ 擺在冷水的水龍頭下，透過漏斗型網篩在容器中裝滿流動的冷水（這微白的混合物稱為「白色煮汁 blanc de cuisson」，可讓小牛頭變得更柔軟且更白）。加入檸檬汁。

4▸ 再次煮沸，撈去浮沫，加入香料束和切成大塊的調味蔬菜，加入粗鹽和白胡椒粒，加蓋，煮至冒小氣泡，續煮約1小時30分鐘。烹煮越緩慢，肉質就越軟，香氣也越能大量滲透。用手指按壓檢查烹煮程度：必須能夠輕易地穿透小牛頭。保留在烹煮湯汁中直到上菜的時刻。

5 › 芳婷美人馬鈴薯的烹煮：將馬鈴薯削皮，如有需要可進行轉削（7面）。浸入加了一些粗鹽的冷水中，煮至微滾，保持微滾續煮至刀尖可以輕易穿透薯肉的程度。將平葉巴西利切碎，上菜時再撒在馬鈴薯上。

6 › 蛋黃芥末醬：在煮沸的水中煮蛋9分鐘。將蛋瀝乾，剝殼，收集蛋黃，並和芥末、鹽和胡椒一起放入小型的沙拉攪拌盆中。如同製作蛋黃醬般，將蛋黃和油一起攪打。最後混入切碎的紅蔥頭、切碎的所有香草、調味料和切碎的蛋白。

7 › 最後完成與擺盤：將小牛頭的繩子解開，切片，接著將肉片擺至大餐盤中，並淋上一些烹煮高湯。在周圍擺上馬鈴薯並撒上切碎的平葉巴西利。搭配裝在醬汁杯中的蛋黃芥末醬一起上菜。

6人份
準備時間：1小時
靜置時間：1個晚上
烹調時間：1小時30分鐘

INGRÉDIENTS 材料
約1.4公斤的去骨小牛頭1顆
水3公升
麵粉100克

*garniture aromatique*調味蔬菜
香料束1束
胡蘿蔔3根
韭蔥1棵
洋蔥2顆
紅蔥頭3顆
塊根芹100克
西洋芹1枝
大蒜3瓣
粗鹽、白胡椒粒

garnitures 配菜
15號芳婷美人馬鈴薯750克
粗鹽

garniture de mini-légumes
迷你蔬菜的配菜
迷你胡蘿蔔6根
迷你蕪菁6顆
迷你韭蔥6棵
小牛基本高湯（見24頁）500毫升
奶油20克
粗鹽

*sauce gribiche*蛋黃芥末醬
蛋3顆
芥末醬60克
細鹽
白胡椒粉
花生油250毫升
紅蔥頭½顆
龍蒿⅛小束
細香蔥½小束
平葉巴西利⅛小束
香葉芹⅛小束
酸豆10克
酸黃瓜（cornichon）10克

fiition 最後完成
帶梗大顆酸豆6顆
水煮蛋切小丁（dés d'œufs dur）
鹽之花

USTENSILES 用具
漏斗型網篩
直徑3公分的壓模
10×3×3公分的方形壓模

TÊTE DE VEAU FROIDE SAUCE GRIBICHE
小牛頭冷盤佐蛋黃芥末醬

1 ▸ 小牛頭的準備：將臉部的肉完全刮下後，仔細去骨。用大量清水刷洗。取下舌頭，一樣加以清洗，接著將頭部的肉和舌頭緊緊捲起。用繩子將頭部的肉綁起，或是放入料理專用的網袋（filet de cuisson）中。

2 ▸ 烹煮：將小牛頭浸入大量的冷水中，煮沸，仔細撈去浮沫，接著用大型濾器將小牛頭瀝乾，並放入清水中冰鎮。接著放入大型容器中。

3 ▸ 用漏斗型網篩倒入麵粉。擺在冷水的水龍頭下，透過漏斗型網篩在容器中裝滿流動的冷水（這微白的混合物稱為「白色煮汁blanc de cuisson」，可讓小牛頭變得更柔軟且更白）。

4 ▸ 再次煮沸，撈去浮沫，加入香料束和切成大塊的調味蔬菜，加入粗鹽和白胡椒粒，加蓋，煮至冒小氣泡，續煮約1小時30分鐘。烹煮越緩慢，肉質就越軟，香氣也越能大量滲透。用手指按壓檢查烹煮程度：必須能夠輕易地穿透小牛頭。將綁肉的繩子解開，擺在方形壓模中，仔細壓實後冷藏保存一整晚。

5 ▸ 芳婷美人馬鈴薯的烹煮：將馬鈴薯削皮，如有需要可進行轉削（7面）。浸入加了一些粗鹽的冷水中，煮至微滾，微滾續煮至刀尖可以輕易穿透薯肉的程度。將馬鈴薯瀝乾。

6 ▸ 迷你蔬菜的烹煮：去皮後，將蔬菜分別放入煎炒鍋中，並在放入每種蔬菜時用高湯淹至一半的高度，並加入少許奶油和一些鹽。煮至微滾，蓋上裁成適當大小的烤盤紙，煮約15分鐘。用刀尖檢查烹煮程度（蔬菜必須仍保持清脆），瀝乾後預留備用。

7 ▸ 蛋黃芥末醬：在煮沸的水中煮水煮蛋9分鐘。將蛋瀝乾，剝殼，收集蛋黃，和芥末、鹽及胡椒一起放入小型的沙拉攪拌盆中。

8 ▸ 如同製作蛋黃醬般，將油加入材料中一起攪打。

9 ▸ 最後混入切碎的紅蔥頭、切碎的香草、調味料和切碎的蛋白（保留一些小丁作為最後完成用）。

10 ▸ 最後完成：將方形的牛頭肉凍脫模，擺在盤中。接著交互擺上微溫的馬鈴薯，然後擺迷你蔬菜，加入2顆切半的帶梗酸豆、幾塊預留的蛋白小丁和一些鹽之花。在旁邊放上一些蛋黃芥末醬後上菜。

TÊTE DE VEAU
ALI-BAB
阿里巴巴小牛頭

伯納·勒彭斯（*Bernard Leprince*），1997年MOF法國最佳職人，布朗兄弟集團（*groupe Frères Blanc*）廚師長。

6人份
準備時間：1小時30分鐘
烹調時間：4小時30分鐘

INGRÉDIENTS 材料
2公斤的小牛頭1顆
牛舌1個
胡蘿蔔200克
洋蔥300克
韭蔥1棵
香料束1束
棕色小牛高湯（見36頁）5公升
奶油150克

farce fine de veau 小牛碎肉餡
切碎的小牛肩肉400克
蛋白60克
液狀鮮奶油300克
鹽8克
胡椒粉1克
家禽基本高湯（見24頁）

garnitures 配菜
BF15馬鈴薯600克
水煮蛋3顆
小型酸黃瓜100克
巴黎小蘑菇300克
平葉巴西利1小束

USTENSILES 用具
漏斗型網篩
食物調理機

伯納·勒彭斯管理超過十餘間廚房。身為法國巡迴傳統藝術研修制度（*Compagnon du tour de France*）的一員，他熱愛冒險和對自己提出質疑。負責食材採買，以及布朗兄弟集團所有餐廳菜單設計的伯納·勒彭斯，是真正的「家常菜 *Fait Maison*」大使。

小牛頭與牛舌的準備：將小牛頭的皮刮去毛並洗淨，接著和舌頭一起放入沸水燙煮3分鐘，瀝乾並再次沖洗。將胡蘿蔔和洋蔥去皮、韭蔥洗淨，胡蘿蔔切片、洋蔥切塊、韭蔥切片。將小牛頭、牛舌和調味蔬菜一起放入大型深鍋中，加入棕色小牛高湯煮沸，保持微滾，續煮約4小時30分鐘。

醬汁：烹煮結束時，傾析（從高湯中取出）小牛頭和牛舌，將牛舌去皮並預留備用。用漏斗型網篩過濾小牛高湯，濃縮至剩下3/4，調整調味，並用打蛋器拌入奶油（應形成能附著於匙背的濃稠醬汁）。

小牛碎肉餡：在裝有刀片的食物調理機中將小牛肩肉攪碎，加入蛋白、鮮奶油、鹽、胡椒，再度打至形成細緻、平滑並帶有光澤的肉餡。倒入不鏽鋼盆（或沙拉攪拌盆）中，用甜點匙（*cuillère à dessert*）挖成小肉丸狀，然後投入家禽基本高湯（或其他味道的高湯）中煮熟。

製作配菜：將馬鈴薯削皮並轉削（見504頁的步驟），接著進行英式汆燙（加鹽沸水），煮15分鐘，保溫備用。用刀將水煮蛋約略切小丁，將酸黃瓜和蘑菇切成小丁，將平葉巴西利切碎，預留備用。

擺盤：將小牛頭肉切成3至4公分的塊狀，將牛舌切片，放入大型燉鍋或大餐盤中，在周圍擺上熱的馬鈴薯、肉丸，接著撒上切成小丁的水煮蛋、蘑菇和酸黃瓜、以及切碎的平葉巴西利。可搭配非常優質的奧爾良（*Orléans*）或第戎（*Dijon*）芥末醬。在節慶的夜晚，您還可加入一些松露碎。

LA VOLAILLE
Techniques
家禽技巧

Habiller un poulet

雞肉的處理

❊

USTENSILES 用具
噴槍（chalumeau）
切肉刀（Couteau de boucher）

· 1 ·

將雞拉直。

· 4 ·

保留中間最長的腳趾，切掉雞爪與其餘的腳趾。

· 5 ·

將雞腳浸泡沸水數秒。

338

· 2 ·

燄燒（flamber）雞爪和雞肉（小心不要燒焦，也不要將雞皮過度加熱），以去除絨毛、毛囊和羽毛。可使用噴槍或瓦斯爐的爐火。

· 3 ·

將雞翅末端切去。

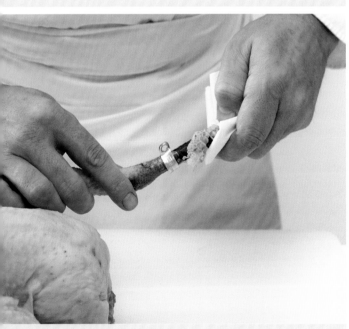

· 6 ·

用吸水紙或布巾去皮。

· 7 ·

緊緊握住雞脖子，將皮拉緊，接著沿著脖子切開。

· 8 ·

去掉脖子的皮，接著從底部將脖子切斷。

烹飪用語有時會保留驚喜。

這裡就有一個例子。

「Habiller 處理」雞肉，將家禽拔毛、

掏去內臟並去腳。一旦處理好（Habiller 穿好

衣服），雞肉就已經準備就緒可以進行烹煮，

不論是要整隻還是切塊料理。

（譯註：Habiller 在法文中亦有穿衣的意思）

· 11 ·

將生殖孔切開。

· 9 ·

將胸腔的內臟（呼吸與消化器官、食道和嗉囊）剝離。

· 10 ·

將1根手指塞進胸廓，接著以轉動的方式將肺和心臟剝離，務必要保持胸腔內臟的完整。

· 12 ·

輕輕將所有內臟完全剝離，接著完整地取出。

· 13 ·

去掉脂肪，將雞胗（砂囊）切成二半，去掉粗糙部分並加以沖洗。捏住心臟底部，將心臟與肺部分離，最後將膽囊從肝臟上去除，小心不要將綠色的袋子弄破。

Découper un poulet en 4 et en 8

將雞肉切成 4 塊和 8 塊

✤

USTENSILES 用具
刀
小鋸刀（Petite scie）

· 1 ·

將雞肉側放，一邊用手抓著腿的部分，一邊轉動，將雞腿從背部切開。

· 4 ·

將刀插入雞胸和雞翅之間，將翅膀割下，接著從雞翅的關節處切斷。

· 5 ·

切成4塊的雞肉：2根雞腿和2根雞翅。

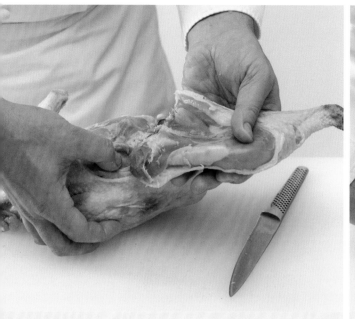

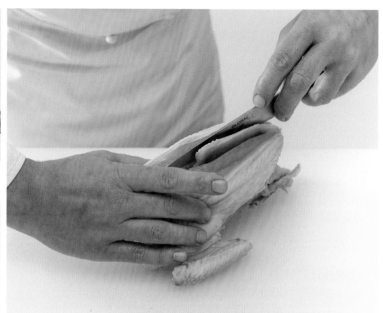

· 2 ·

用刀將臀部兩側上方的蠣狀雞肉（sot-l'y-laisse）切下，接著將雞腿扭下。

· 3 ·

用食指和大拇指抓著背部，接著沿著胸骨將兩側切開。

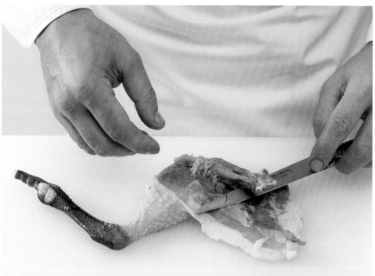

· 6 ·

沿著骨頭將肉刮下，為腿肉去骨。

· 7 ·

將刀塞進骨頭下方，讓骨頭與關節分開。

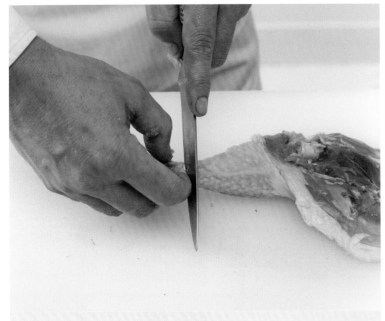

• 8 •

沿著腿的骨頭尖端周圍切開。

• 9 •

用小鋸刀將骨頭鋸斷。

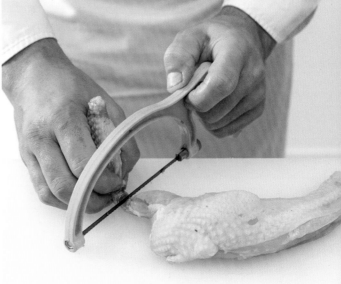

• 12 •

從關節處將翅膀切開。

• 13 •

用小鋸刀將翅膀末端切斷。

· 10 ·

將腿骨和腿肉分開。

· 11 ·

讓腿骨露出（用手指推末端的肉，讓骨頭露出2公分），
接著將腿部的雞皮摺起，形成鼓起的形狀。

· 14 ·

將雞翅膀斜切，務必要切成相當的比例。

· 15 ·

切成8塊的雞肉。

Brider
un poulet
à deux brides

繩綁全雞

USTENSILES 用具
綁肉針（Aiguille à brider）
繩子（Ficelle）

· 1 ·

去掉叉骨（fourchette）。

· 4 ·

繼續穿過第1隻雞翅的骨頭，接著是疊在雞胸上的雞脖子皮，最後再穿過第2隻雞翅。

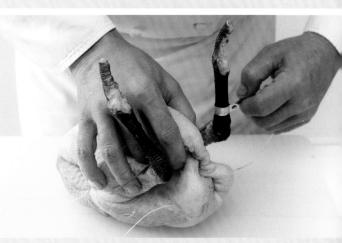

· 7 ·

繼續穿至另一邊，穿過胸骨末端的下方，務必要將雞腳牢牢固定。

· 2 ·

從足關節處將筋切斷，以免雞腳收縮。為雞腔內部調味。

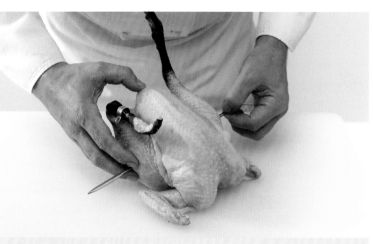

· 3 ·

用綁肉針和料理用繩貫穿2隻雞腿的關節處。

· 5 ·

將繩子的兩端拉緊，打二次結。

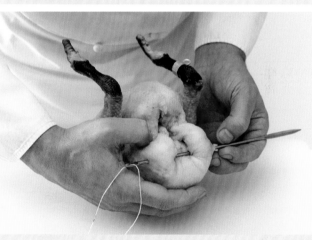

· 6 ·

將臀部向內朝雞胸的方向折起，接著用綁肉針貫穿。

· 8 ·

打二次結，將整隻雞牢牢固定。

· 9 ·

全雞已經綁好，隨時可供烹調使用。

Habiller un canard

鴨肉的處理

❋

USTENSILES 用具
噴槍
（或瓦斯爐火）
水果刀或夾子

• 1 •

將鴨子拉直。

• 4 •

將毛囊夾在拇指和水果刀之間，小心地將剩餘的毛囊拔乾淨。

• 7 •

緊抓鴨脖子，將皮拉緊，接著沿著脖子切開。

• 8 •

將脖子和皮分離。

• 2 •

燄燒（flamber）鴨腳和鴨皮（小心不要將皮燒焦），以去除絨毛、毛囊和羽毛。

• 3 •

將關節上方的鴨腳切下後，燄燒（flamber）末端，接著用紙或乾淨的布巾去皮。

• 5 •

您也能用夾子拔去毛囊。

• 6 •

將翅膀尖端切掉。

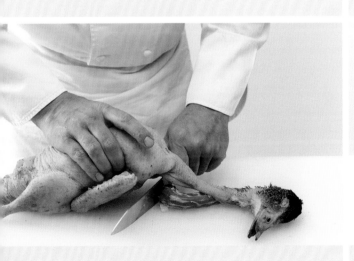

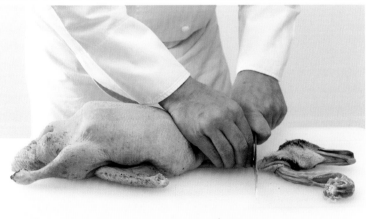

• 9 •

將鴨子平放，接著從底部將頸部切去。

• 10 •

在距離頭4至5公分處將頸部的皮切下。

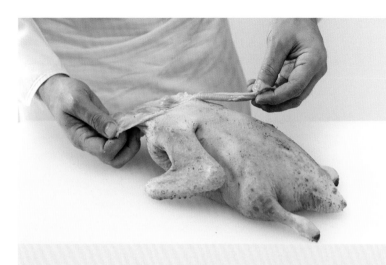

· 11 ·

將胸腔的內臟（呼吸與消化器官、食道和嗉囊）從頸部的皮上剝離。

· 12 ·

將手指塞進胸廓，接著以轉動的方式將肺和心臟剝離，務必要保持胸腔內臟的完整。

· 15 ·

包含肺、心臟、肝臟、胃和鴨胗的完整呼吸器官和消化器官。

· 16 ·

保存與膽囊分離的肝臟、心臟和鴨胗。

· 19 ·

在鴨子內腔調味。

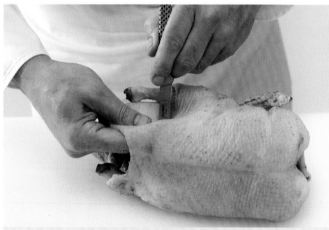

· 20 ·

用水果刀將兩側側腹至胸骨後方的皮切開。

· 13 ·

把生殖孔切開後，將整個內臟剝離。

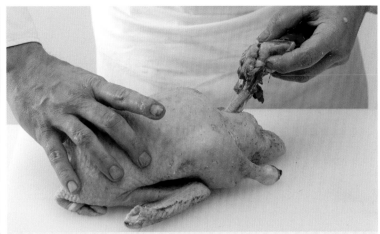

· 14 ·

內臟完整地取出。

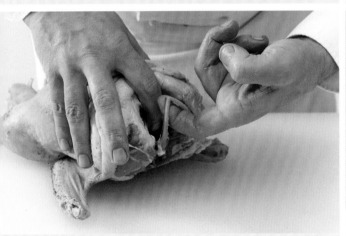

· 17 ·

用刀將叉骨周圍切開，接著用食指移去叉骨。

· 18 ·

用水果刀將臀部切開，並去除2個皮脂腺。

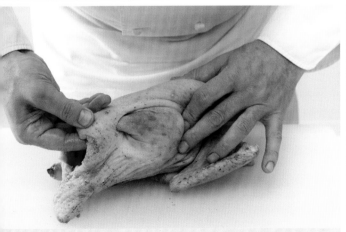

· 21 ·

將兩側的腿骨插入切開的切口中。

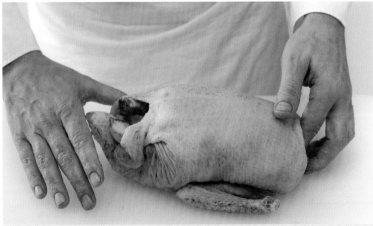

· 22 ·

鴨肉已經處理好，隨時可供烹調。

Brider
un canard

繩綁全鴨

✳

USTENSILES 用具

綁肉針

繩子

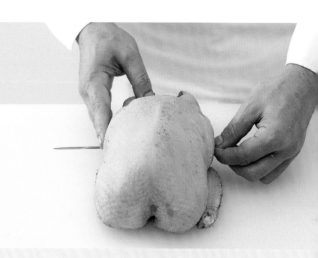

• 1 •

爲內腔調味，用綁肉針和料理用繩貫穿2隻腿的關節處。

• 3 •

將頸部的皮朝胸部的方向折起，繼續以針穿過，最後穿過第2支翅膀。

• 5 •

將臀部往胸部方向折，接著用針貫穿。

• 6 •

從腿上方將針插入疊起的鴨肉部分，並用針貫穿。

· 2 ·

繼續穿過第 1 隻翅膀的骨頭間。

· 4 ·

用繩子將兩端緊緊綁起，打 2 個結。

· 7 ·

用繩子緊緊綁起，打 2 個結。

· 8 ·

全鴨已經綁好，可以進行烹調。

Découper
un canard

分切鴨肉

❋

USTENSILES 用具
料理刀（Couteau de cuisine）
剪刀

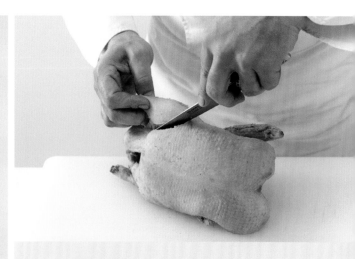

· 1 ·

將鴨肉側放，用手抓著腿的部分，用刀劃過腿的周圍，
將腿肉和背部之間切開。

· 4 ·

用適當的剪刀，將脊柱移除。

· 7 ·

沿著腿的骨頭切開，接著仔細將肉刮下。

· 2 ·

繼續切至腿肉的關節處，別忘了臀部兩側上方的蠔狀鴨肉（le sot-l'y-laisse）。

· 3 ·

抓住鴨腿，接著用手轉動，將腿肉扭下。

· 5 ·

讓翅膀的骨頭露出。

· 6 ·

用適當的刀，為腿肉去骨。

· 8 ·

從肉中剔除骨頭，只取肉的部分。

· 9 ·

將每邊胸肉皮的部分劃切—鴨胸已經準備好，隨時可供烹調使用。

Désosser un pigeon

鴿子去骨

***

USTENSILE 用具
剔骨刀（Couteau à désosser）

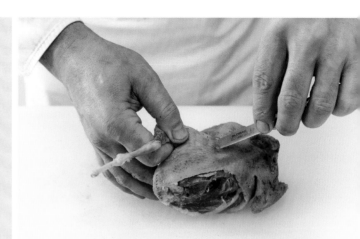

· 1 ·
將腿部稍微抬起，然後開始將背部和腿部之間的皮切開。

· 3 ·
向後拉，將腿部從關節處扯下，並將筋切斷。

· 5 ·
切至關節處，將背部抬起，接著將背肉取下。

· 6 ·
將脊肉和翅膀分開。

• 2 •

將鴿子翻面，從腿肉上方以圓弧形切開，接著將刀身塞至關節下方。

— FOCUS 注意 —

用適當的刀，磨利，這項技巧很容易掌握。

將刀劃過骨架，取下脊肉，務必要將皮拉緊

（以免烹煮時收縮）。

為了拆解翅膀，請找到關節處，

別忘了取下臀部兩側上方的蠔狀鴿肉

（le sot-l'y-laisse）。

• 4 •

將背部的皮繃緊，接著用刀子沿著胸骨將背部切開。

• 7 •

修整脊肉，去掉多餘的皮和脂肪，接著將肉塊切整齊。

• 8 •

切好的脊肉、翅膀和腿肉。

Découper
un lapin

分切兔肉

✳

USTENSILE 用具
切肉刀（Couteau de boucher）

· 1 ·

取下肝臟、腎臟和多餘的脂肪，尤其是腎臟周圍的脂肪。

· 4 ·

將背脊切下。

· 7 ·

修整肋骨末端。

· 2 ·

將兔腿肉切下,但避免將骨頭切斷,找到關節處,將關節拆開。

· 3 ·

修整背脊的尖端。

· 5 ·

沿著胸廓將肩肉切下。

· 6 ·

將頭和胸廓分開。

· 8 ·

切成6塊的兔肉:腿肉、背脊、肩肉和胸廓。

· 9 ·

切成10塊的兔肉:腿肉切成2塊、背脊切成3塊。

LA VOLAILLE
Recettes

家禽**食譜**

VOLAILLE DE BRESSE HENRI IV

亨利四世布列斯雞

6人份
準備時間：1小時25分鐘
烹調時間：1小時10分鐘

INGRÉDIENTS 材料
布列斯雞（poulet de Bresse）1隻

***beurre d'herbes*香草奶油醬**
香葉芹1小束
龍蒿1小束
平葉巴西利1小束
奶油150克
檸檬汁1顆
細鹽
白胡椒粉

***garniture aromatique*調味蔬菜**
（fond blanc家禽基本高湯）
胡蘿蔔300克
韭蔥300克
洋蔥400克
西洋芹200克
香料束（百里香、月桂葉、
平葉巴西利）1束
丁香3顆
水或家禽基本高湯
粗鹽
白胡椒粒
粉紅胡椒粒（Baies roses）
香菜籽

***garniture d'accompagnement*
搭配的配菜**
胡蘿蔔800克
細韭蔥500克
蕪菁（navet rond）400克
西洋芹400克

USTENSILES 用具
裝有擠花嘴的擠花袋
綁肉針
漏斗型網篩

1▸香草奶油醬：取下香草的葉片，切成細碎並和軟化的奶油、檸檬汁、鹽和胡椒粉混合。

2▸裝入擠花袋（無擠花嘴）中，預留備用。利用香草梗製作香料束。

3▸調味蔬菜（家禽基本高湯）：將所有蔬菜去皮、清洗，斜切成厚片。在其中1顆洋蔥中鑲入3顆丁香，並製作香料束（百里香、月桂葉、平葉巴西利梗）。

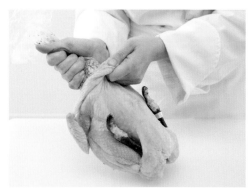

4▸家禽的處理：將四肢拉直，燄燒（flamber）去除絨毛，汆燙足部（用沸水燙幾分鐘），並用吸水紙去掉足部的皮，修整，將內臟掏空，並將修切下的肉塊（腳、脖子、翅膀）切小塊。手指從頸部輕輕將背部（脊肉）和腿部的皮剝離，接著將香草奶油醬從頸部的開口處，擠入布列斯雞的皮下（腿部、脂肪和背脊處）並用手指鋪平，為內腔調味，並將布列斯雞用繩子綁起（見346頁的技巧）。

5▸水煮布列斯雞：將布列斯雞、內臟、洋蔥放入適當的烹煮容器中，用冷水、湯汁（例如之前已經用來煮蔬菜的液體）或白色家禽基本高湯淹過，調味，煮至微滾。經常撈去浮沫，接著加入調味蔬菜、香料束、胡椒粒、香菜籽，煮1小時。

6﹥ 將胡蘿蔔和蕪菁削皮，將韭蔥洗淨，將蔬菜斜切，接著在烹煮結束前30分鐘加入布列斯雞的鍋中。

7﹥ 用刀尖或綁肉針插入腿部脂肪和腿肉之間，確認烹煮的程度（不應滲出血水）。

8﹥ 傾析布列斯雞（將布列斯雞從高湯中取出），並解開繩子，接著放入上菜的燉鍋中。在周圍擺上蔬菜，加蓋並保溫。用細孔漏斗型網篩過濾高湯，如有需要，可將高湯濃縮，調整調味，並將高湯淋在布列斯雞上。

9﹥ 擺盤：將布列斯雞連同蔬菜和高湯擺在燉鍋中，接著將布列斯雞取出，擺在砧板上，切成6塊或12塊。再放回燉鍋並端上桌。

POULARDE DE BRESSE TRUFFÉE EN VESSIE, SAUCE ALBUFERA

松露布列斯雞與牛膀胱佐阿布費哈醬

6人份
準備時間：2小時
烹調時間：3小時30分鐘

INGRÉDIENTS 材料

牛膀胱（vessie de bœufs）
布列斯雞（poularde de Bresse）1隻
40克的黑松露（truffe melanosporum）1顆
約400克的生鴨肝1塊
鹽、胡椒

fond blanc de volaille 家禽基本高湯

胡蘿蔔300克
西洋芹200克
韭蔥300克
洋蔥400克
丁香3顆
香料束1束
雞腳（patte）4隻
雞骨1副
粗鹽
白胡椒粒
粉紅胡椒粒

beurre de poivron 甜椒奶油

舌型椒100克
軟化的奶油100克

garnitures 配菜

胡蘿蔔800克
細韭蔥500克
蕪菁400克
西洋芹400克

sauce albufera 阿布費哈醬

奶油100克
麵粉100克
家禽基本高湯1公升
高脂鮮奶油200克
金黃濃縮醬汁（glace blonde）30克
檸檬汁1顆

USTENSILES 用具

漏斗型網篩
電動攪拌器
網篩
料理用繩

1 ▸ 將牛膀胱用冷水泡開。

2 ▸ 家禽基本高湯：將所有蔬菜去皮並清洗，然後將胡蘿蔔、西洋芹和韭蔥蔥白約略切小塊（保留蔥綠部分用於製作香料束）。在1顆洋蔥裡鑲入3顆丁香，然後連同月桂葉、百里香、平葉巴西利梗和蔥綠一起製作香料束。汆燙雞腳，沖洗，預留備用。在適當的烹煮容器中放入預先切塊的雞骨、雞腳、調味蔬菜、香料束，接著用冷水淹過，調味，煮至微滾，並經常撈去浮沫，煮1小時15分鐘。傾析肉塊（將肉塊從高湯中撈出），接著用漏斗型網篩過濾高湯，如果您想要的話可加以濃縮，形成較濃郁的白色高湯。

3 ▸ 家禽的處理：將布列斯雞拉直、燄燒（flamber）去除絨毛、汆燙雞腳、修整、將內臟掏空（見338頁的技巧），接著手指從頸部開始輕輕將背肉（脊肉）和腿部的皮剝離。將松露切成薄片，鋪在雞皮下方（腿部、腿部脂肪和背脊處）。

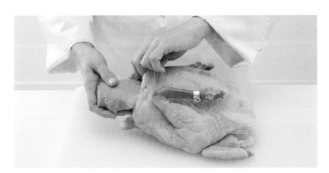

4 ▸ 為雞肉內腔調味，並放入已經調味好的生肥肝葉。

5 ▸ 將雞肉用繩子綁起，放入牛膀胱中，並倒入2大湯勺的家禽基本高湯，然後用繩子將牛膀胱封起。

6 ▸ 在適當的烹煮容器中裝半滿的水，煮至微滾後擺入包好的布列斯雞，加蓋燉煮，依雞的大小而定，煮1小時15分鐘至1小時30分鐘，並經常為布列斯雞淋上湯汁（牛膀胱在烹煮的過程中會漸漸膨脹）。

7 ▸ 製作甜椒奶油：將舌型椒瀝乾，用電動攪拌器打成細碎，接著用網篩過濾果肉，並混入軟化的奶油。調味後保存在陰涼處。

8 ▸ 製作配菜：將蔬菜去皮並清洗，轉削胡蘿蔔和蕪菁，將西洋芹莖和韭蔥蔥白切成細長條。將所有蔬菜分別以家禽基本高湯燉煮。

9 ▸ 阿布費哈醬：製作白油糊（roux blanc）並放涼。將熱的白色家禽基本高湯倒在油糊上，用打蛋器攪拌，接著煮沸，不停攪拌，加入鮮奶油，接著是金黃濃縮醬汁（家禽基本高湯的濃縮）和少量的檸檬汁。最後在醬汁中混入甜椒奶油，調整調味，並以細孔的漏斗型網篩過濾。

10 ▸ 擺盤的部分：在湯盤或裝有家禽基本高湯的燉鍋中傾析布列斯雞（將布列斯雞從高湯中取出），端上桌，接著在牛膀胱上劃出切口，以便將雞肉取出，將雞肉的繩子解開，切成6塊或12塊。取出內腔的肥肝，切成薄片，然後和諧地擺在盤上，接著淋上大量的阿布費哈醬。

POULARDE DE BRESSE IVRE SERVIE TIÈDE, SALADE DE CHAMPIGNONS AUX DATTES CHINOISES

布列斯溫醉雞佐紅棗菇類沙拉

亞德琳·格拉塔（Adeline Grattard），巴黎斐杭狄校友。

受到亞洲很大啟發的亞德琳·格拉塔在香港習得中國料理的基礎，每日都從蒸煮和中式炒菜鍋的掌控中獲得靈感。中國料理的食材與精神，和法國本土的素材並行，全都源於對食材的尊重。

6人份
準備時間：1小時
烹調時間：30分鐘

烹煮的前一天，醃漬醬料：修整雞肉，用叉子小心地將頸部的皮拉至背上。混合紹興酒、醬油、糖，加入薑，然後讓雞肉浸泡在這醃漬醬料中。冷藏至少12小時。

INGRÉDIENTS 材料
2公斤的布列斯雞1隻

品嚐當日，製作配菜：將雞油蕈上的泥土和污垢刮乾淨，清洗後仔細瀝乾。將紅棗浸泡在沸水中10分鐘。瀝乾，接著取下果核周圍的果肉，並切成薄片。

marinade 醃漬醬料
紹興酒（vin de shaoxing）2公升
淡醬油（sauce soja claire）200毫升
細砂糖20克
新鮮生薑片50克

雞油蕈的烹煮：在熱的中式炒菜鍋（wok）中倒入葵花油，然後連同切碎的大蒜、細鹽和紅棗一起將雞油蕈炒至出汁，倒入方形盤或餐盤中，加入醬油、巴薩米克白醋、橄欖油和胡椒粉。品嚐，如有需要可調整調味。

salade de champignons 菇類沙拉
小型雞油蕈500克
紅棗乾30克
（於中式食品雜貨店購買）
葵花油100毫升
切碎的新鮮大蒜10克
細砂糖2克
淡醬油50毫升
巴薩米克白醋（vinaigre balsamique blanc）100毫升
特級初榨橄欖油（huile d'olive extra vierge）100毫升
鹽、胡椒粉

雞肉的烹煮：將雞肉從醃漬醬料中取出，瀝乾，接著蒸25分鐘。靜置至少30分鐘。將韭菜切成段，預留備用。將葵花油加熱。取下雞的脊肉、腿肉並去骨。將雞肉切成1公分的片狀，肉必須帶有光澤。擺在盤中，接著撒上韭菜，並淋上滾燙的油（必須能夠聽到滋滋聲）。用醬油調味，並撒上五香粉。

擺盤：在盤中擺上紅棗雞油蕈和雞肉片，淋上醬汁（油和醬油）。您可加入當季的韭菜花，並用喇叭蕈來取代雞油蕈。

garnir la poularde 雞肉的裝飾與調味
韭菜3棵
葵花油100毫升
淡醬油50毫升
五香粉2撮

USTENSILE 用具
蒸烤箱

— *Recette* —
食譜出自

亞德琳・格拉塔 ADELINE GRATTARD, YAM' TCHA * (巴黎 PARIS)

CANARD RÔTI AUX NAVETS, PRUNEAUX ET CHAMPIGNONS

蘿蔔黑李蘑菇烤鴨

6人份
準備時間：1小時30分鐘
烹調時間：50分鐘

INGRÉDIENTS 材料
小雌鴨（canette）2.5公斤
葡萄籽油50毫升
奶油8克

jus de canard 鴨肉原汁
鴨修切下的肉塊（腳、翅膀、脖子）
油和奶油
綜合胡椒粒（poivre mignonnette）
砂糖（sucre semoule）50克
蘋果酒醋（vinaigre de cidre）100毫升
不甜的蘋果酒300毫升
榛果色奶油70克

garnitures 配菜
白蘿蔔（navet long）1.5公斤
糖
奶油80克
洋菇（champignon bouton）300克
（小顆）
檸檬1顆
黑李（pruneaux）100克
蘋果酒（cidre）400毫升
蘋果酒醋（vinaigre de cidre）1公升
油100毫升
奶油40克
細鹽
胡椒粉

USTENSILE 用具
漏斗型網篩

1 鴨肉的處理：將鴨腳、翅膀和頸部拉直，燚燒（去除絨毛和剩餘的小羽毛），修整（去掉修切下的肉塊），將內臟掏空（去掉心、肝和鴨胗），調味，並將鴨子綁起（見348至352頁的技巧）。將修切下的肉塊（翅膀、腳和頸部）切小塊，預留備用。

2 製作配菜：將白蘿蔔削皮並修整。轉削蘿蔔（用水果刀削成橢圓形），然後將蘿蔔糖漬上色（glaçage à brun）（用1大撮的糖、分成小塊的奶油和水作爲基底，再蓋上烤盤紙。一旦煮熟且湯汁濃縮後，將蔬菜煮至略呈淺褐色）。修整洋菇蒂（去掉末端），抹上檸檬，接著在平底煎鍋中用少量很燙的油炒至出汁，讓洋菇快速上色，最後再加入1塊奶油。將黑李去核，然後用熱的蘋果酒泡開。

3 鴨肉的烹煮：將修切下的肉塊放在鍋底，接著將鴨肉放入燉鍋，並加入葡萄籽油、奶油、鹽和胡椒，入烤箱以180℃（熱度6）烤50分鐘。

4 中途將鴨肉翻面，每15分鐘淋上一次湯汁。

5 將燉鍋從烤箱中取出，將鴨肉擺在餐盤上，將繩子解開，蓋上鋁箔紙靜置。爲燉鍋開更大的火，撈去油脂，濃縮湯汁。

6 淋入蘋果酒去漬，以形成烤肉原汁（jus de rôti）。用漏斗型網篩過濾，並以隔水加熱的方式預留備用。

7 ▶ 擺盤：將鴨肉擺在盤中央，在周圍交替擺上糖漬蘿蔔和黑李，撒上洋
菇。將烘烤原汁和加了鹽的榛果色奶油（beurre noisette salé）一起擺在
醬汁杯中，搭配上菜。

6人份
準備時間：2小時40分鐘
烹調時間：1小時35分鐘

INGRÉDIENTS 材料
大型布雷斯閹鴨
（gros canard chapon bressan）1隻

marinade醃漬醬汁
綠豆蔻（cardamome verte）2克
香菜籽4克
四川花椒（poivre du Sichuan）2克
綜合胡椒粒2克
蜂蜜150克
農場瓶裝不甜的蘋果酒（cidre brut
bouché fermier）200毫升
蘋果酒醋
細鹽

jus de canard鴨肉原汁
鴨骨
紅蔥頭250克
奶油100克
胡椒粒（黑胡椒、粉紅胡椒）
榅桲凍（gelée de coing）50克
蘋果白蘭地（calvados）50毫升
農場蘋果酒（cidre fermier）500毫升

sauce au miel épicé 香料蜂蜜醬
砂糖50克
酒醋50毫升
香料蜂蜜（miel épicé）1大匙

cuisses de canard braisees煨鴨腿
粗鹽
榅桲凍（gelée de coing）50克
蘋果白蘭地50毫升
農場瓶裝蘋果酒500毫升
鴨肉原汁

garnitures配菜
白蘿蔔1.5公斤
糖50克
蘋果酒醋100毫升
農場蘋果酒400毫升
特鮮巴黎蘑菇12顆
（大小：直徑4.5公分）
奶油100克
阿讓黑李（pruneaux d'Agen）12顆

USTENSILES 用具
剪刀
漏斗型網篩

POITRINE DE CANARD AU MIEL D'ÉPICES, CUISSES CONFITES AU CIDRE, NAVETS, PRUNEAUX ET CHAMPIGNONS

蜜香鴨胸、蘋果酒漬鴨腿佐蕪菁、黑李和蘑菇

1▸醃製醬汁：用電動攪拌器將香料打成細碎，和蜂蜜混合並加入蘋果酒稀釋，接著加入蘋果酒醋。

2▸鴨肉的處理：將鴨腳、翅膀和頸部拉直，燄燒（去除絨毛和剩餘的小羽毛），剔除不要的部分，並清理內臟（見348頁的技巧）。保留修切下的肉塊（頸部、足部、翅膀）。取下腿肉，並盡量將大部分的皮留在胸肉上，將腿肉去骨去皮。用大剪刀將脊柱和胸肉分開，去掉屁股並保留胸部，將胸肉冷凍保存，讓脊肉上的皮緊繃。當胸肉的表面變硬時（重點是讓皮硬化），在表面劃出清楚的人字紋。用醃漬醬汁將胸肉包覆，冷藏保存。

3▸鴨肉原汁：將鴨子的骨頭和修切下的肉塊切小塊。將紅蔥頭切成細碎（小丁）並預留備用。在燉鍋中將奶油加熱至融化，將骨頭和修切下的肉塊煎至上色（直到形成漂亮的顏色），撈去油脂，接著加入胡椒粒和調味蔬菜（紅蔥頭和檸檬凍）。將紅蔥頭炒至出汁，接著倒入蘋果白蘭地，加熱一會兒後點火燄燒（flamber）。用蘋果酒淹過，去皮dépouillez（撈去表面雜質），逐步去除油脂，加蓋以文火煮1小時。用漏斗型網篩過濾並將原汁預留備用。

4▸香料蜂蜜醬：用酒醋和1大匙的香料蜂蜜製作加斯底醬（gastrique）（將糖濃縮至焦糖般的質地），接著淋上鴨肉原汁，以獲得可附著於匙背的濃稠質地。以隔水加熱的方式預留備用。

5▸腿肉的準備：在腿肉上鋪上粗鹽，就這樣醃10分鐘。脫鹽（去鹽，接著用水沖洗並擦乾），接著在燉鍋中用一些鴨油煎至上色。將蘋果白蘭地倒入後點火燄燒（flamber）。和一部分的鴨肉原汁一起將腿肉淹過。以小火加蓋煮至腿肉充分入味。

6▸製作配菜：將白蘿蔔削皮，接著切成1.5公分厚的圓形薄片並預留備用。在平底煎鍋中，將砂糖鋪在底部，乾煮至焦糖，接著以中火加熱至上色。在焦糖製作完成時，放入白蘿蔔片，將二面都煮至上色，接著倒入蘋果酒醋，將湯汁濃縮，然後再倒入蘋果酒。

7▸轉削蘑菇（見470頁的技巧），接著在加熱至起泡的奶油中煎至金黃色。將黑李去核並預留備用。在小焗烤盤周圍擺上白蘿蔔、蘑菇，在中央擺上將肉鬆開的糖漬鴨腿。整個淋上濃縮的鴨腿原汁。

8▸鴨胸肉的烹煮：將鴨胸肉從醃漬醬料中取出，瀝乾，加鹽和胡椒，接著在適當大小的煎炒鍋中，用澄清奶油煎至上色。擺在烤箱的炙烤盤上，接著入烤箱以200℃（熱度6-7）烤12分鐘，經常為胸肉淋上醃漬醬汁。烤好後，靜置10分鐘。將胸肉從骨頭上取下，接著從長邊切成厚片。

9▸上菜與擺盤：在每個盤中擺上二塊胸肉，旁邊擺上一部分的煨鴨腿肉絲、配菜，接著在胸肉周圍倒入一些濃縮的鴨肉原汁。剩餘的原汁裝在醬汁杯中搭配上菜。

DERNIER VOL DU CANARD SAUVAGE TOUT CHOUX, ÉMULSION BETTERAVE RAISIN

野鴨的最後飛行佐雙色甘藍與葡萄甜菜乳化醬汁

艾瑞克·蓋杭（Éric Guérin），巴黎斐杭狄導師會議成員。

艾瑞克·蓋杭是位具藝術鑑賞力的主廚。因為祖母和曾祖母而很早踏入豐富的料理世界，很快就確定了自己的風格。他的料理就像簽了他的名字一樣容易辨識，有型、色彩繽紛、創新並依循本能，他的菜餚讓人從一開始就先大飽眼福。

準備俄式煎餅：在加鹽沸水中煮甘藍，瀝乾後用電動攪拌器攪打至形成細緻的蔬菜泥。將馬鈴薯擺在一層粗鹽上，入烤箱以180℃（熱度6）烤至刀尖能輕易穿透至薯肉中央。收集馬鈴薯泥（約75克），並和俄式煎餅的其他材料（甘藍泥、鮮奶油、白乳酪、麵粉、蛋）混合。將麵糊靜置放涼（如果可以的話，請靜置一整晚）。

乳化醬汁：以電動攪拌器攪打所有材料，用細孔漏斗型網篩過濾，調整調味並保存在陰涼處。

鴨肉的烹煮：將鴨脊肉擺在盤中，接著淋上少許橄欖油並調味。蓋上烤盤紙，入烤箱以60℃（熱度2）烤20分鐘。

製作俄式煎餅：在不沾平底煎鍋中倒入少量橄欖油，稍微加熱，接著用吸水紙擦掉多餘的油脂。接著在鍋子有點冒煙時，擺上1大匙的俄式煎餅麵糊，煎1分鐘，讓表面結皮，接著在鬆餅中央撒上幾顆給宏得鹽之花，然後翻面。每塊煎餅都以同樣方式製作。在每個盤中擺上數塊甘藍煎餅。

擺盤：在另一個平底煎鍋中，讓鴨脊肉有皮的那面朝下，進行油煎，將皮煎至酥脆，加入1塊核桃大小的半鹽奶油，接著瀝乾後擺在盤中，放上小朵清脆的彩色花椰菜沙拉（生的），並在周圍放上幾片燙過並蘸上半鹽奶油的紫甘藍和綠甘藍圓形葉片，最後再放上幾顆切半並去籽的葡萄。搭配熱醬汁（但要注意不要加熱過久，否則會形成令人倒胃口的栗子色，而且也喪失了美味）上菜。

6人份

準備時間：30分鐘
烹調時間：50分鐘

INGRÉDIENTS 材料
野鴨（綠頭鴨colvert）脊肉6塊
或胸肉3塊
橄欖油
彩色花椰菜（chou-fleur de couleur）
1顆
甘藍（chou vert）1顆
紫甘藍（chou rouge）1顆
黑葡萄1串
給宏得鹽之花（Fleur de sel de Guérande）
半鹽奶油
胡椒粉

blinis 俄式煎餅
甘藍泥（puree de chou vert）90克
熟馬鈴薯泥（pulpe de pomme de terre cuite）75克
粗鹽
液狀鮮奶油75克
白乳酪（fromage blanc）50克
T55麵粉（farine blanche T55）100克
蛋1顆＋蛋黃1個＋蛋白1.5個（45克）
給宏得鹽之花

émulsion 乳化醬汁
有機紅葡萄汁
（jus de raisin rouge bio）1公升
熟甜菜（betterave cuite）2顆
杜松子3顆
丁香1顆
四川花椒（poivre du Sichuan）½ 小匙
米醋50毫升

USTENSILES 用具
電動攪拌器
細孔漏斗型網篩

— *Recette* —

食譜出自

艾瑞克·蓋杭 ÉRIC GUÉRIN, LA MARE AUX OISEAUX * (聖-若阿希姆 SAINT-JOACHIM)

PIGEONNEAU FERMIER AUX CHAMPIGNONS DES BOIS ET FOIE GRAS EN CHAUSSON

野菇農場乳鴿佐肥肝拖鞋包

6人份
準備時間：2小時
烹調時間：40分鐘

INGRÉDIENTS 材料
400-500克的乳鴿3隻
甘藍1顆
雞油蕈（girolle）1公斤
紅蔥頭1顆
肥肝500克
折疊派皮（feuilletage）500克
菊芋（topinambour）1公斤
煙燻培根（lard fumé）6片

野苣（mâche）1盒
榛果油
波特紅酒

***fond brun* 棕色高湯**
胡蘿蔔100克
洋蔥100克
奶油250克
月桂葉1片

油50克
鹽
胡椒
百里香1枝

USTENSILES 用具
果汁機
漏斗型網篩
濾布（Chaussette）
壓麵機
（或擀麵棍）

1▸ 取下鴿子的脊肉和腿肉。預留備用。

2▸ 將甘藍的葉片摘下，完整地進行燙煮，瀝乾後預留備用。

3▸ 揀選並清洗雞油蕈，接著在加熱至起泡的奶油中，和切碎的紅蔥頭一起翻炒。預留備用。

4▸ 將生肥肝切成每片70克的薄片。預留備用。

5▸ 用壓麵機（或擀麵棍）將折疊派皮壓成厚3至4公釐的厚度，接著裁成寬3公分的條狀。

6▸ 用骨頭製作1公升濃稠的棕色高湯（見36頁的高湯步驟）。

7▸ 在由一半水一半牛乳（材料表外）組成的大量湯底中煮菊芋，煮至刀尖可輕易穿透。瀝乾後打成細緻的泥。用網篩過濾，用打蛋器混入100至150克的奶油，接著用果汁機攪打。

8▸ 去掉甘藍葉的粗葉脈。將雞油蕈切成碎丁。

9▸ 組裝：為脊肉調味。在肉的一面鋪上碎雞油蕈，接著擺上肥肝並調味。用1至2片燙過的甘藍葉整個包起。

10▸ 用2條切成極細的煙燻培根固定。

11 用刷子爲帶狀的折疊派皮刷上摻入1大匙水的蛋黃漿（材料表外），將派皮以纏繞和稍微交疊的方式將整個鴿肉包起，如同製作蘋果拖鞋包（chausson aux pommes）一樣。冷藏保存。

12 讓腿肉在一些鴿子高湯裡煨煮（在燉鍋或煎炒鍋中加蓋燉煮），直到腿肉變軟，一旁搭配1束以榛果油調味的野苣上菜。

13 再爲折疊派皮刷上一次蛋黃漿，接著入烤箱以200℃（熱度6-7）烤至形成漂亮的金黃色（12分鐘）。

14 醬汁：將250克的波特紅酒濃縮成濃縮醬汁（glace）（極爲濃縮：見22頁的步驟），加入剩餘的鴿子高湯，濃縮至醬汁可以附著在匙背上。最後用打蛋器混入肥肝碎屑。用漏斗型網篩過濾，接著再用濾布過濾，讓醬汁變得非常平滑。將醬汁舀在餐盤中央，擺上烤好的乳鴿拖鞋包、菊芋泥、野苣沙拉，並搭配一旁的腿肉上菜。

6人份
準備時間：2小時
烹調時間：50分鐘

PIGEON FERMIER, ROYALE DE FOIE GRAS, RAVIOLES DE GIROLLES ET SON PARMENTIER

農場鴿與肥肝蒸蛋佐雞油蕈餃與焗烤馬鈴薯泥

INGRÉDIENTS 材料
500克的鴿子3隻
菊芋500克
液狀鮮奶油500毫升
雞油蕈350克
甘藍½顆
班杰馬鈴薯250克

finition des cuisses de pigeon
鴿腿的最後完成
紅蔥頭2顆
細香蔥1小束
肥豬肉條（lardons en allumette）
60克

cuisson et l'assaisonnement
烹煮與調味
奶油20克
油20克
鹽
胡椒

garniture aromatique du braisage
燜調味蔬菜
胡蘿蔔50克
洋蔥50克
百里香1枝
月桂葉1片

pâte à ravioles 義麵餃麵團
麵粉500克
蛋黃360克
鹽、胡椒

royale de foie gras 肥肝蒸蛋
液狀鮮奶油500毫升
肥肝400克
蛋4顆

USTENSILES 用具
漏斗型網篩
果汁機
半球形矽膠模
細孔濾網
奶油槍＋氣彈2顆

1 ▸ 將鴿子拔毛，燄燒（flamber）去除細毛，掏空內臟，接著取下腿肉，讓背部的肉留在骨架上烹煮。

2 ▸ 開始煮鴿子原汁：將骨頭煎至上色，接著加入切成小丁的胡蘿蔔和洋蔥，將蔬菜炒至出汁，接著用水淹過，加入百里香、月桂葉，濃縮湯汁至微滾，煮至形成糖漿狀的質地。用漏斗型網篩過濾，預留備用。

3 ▸ 製作義麵餃麵團（見630頁的技巧），並預留備用。

4 ▸ 製作肥肝蒸蛋（royale）：將鮮奶油加熱，並浸入切丁的肥肝。放涼，過濾，加蛋，接著用果汁機攪打。用漏斗型網篩過濾，接著倒入半球形的模型中，以110℃（熱度3-4）烤至凝固。

5 ▸ 在由一半水一半牛乳（材料表外）組成的大量湯底中煮菊芋，煮至刀尖可輕易穿透。在菊芋煮熟時，瀝乾，並用電動攪拌器打成細緻的泥，接著用網篩過濾，混入鮮奶油後倒入奶油槍中。裝上2顆氣彈，以隔水加熱的方式保存。

6 ▸ 用切丁的調味蔬菜煨鴿腿（在燉鍋中加蓋燜煮），直到肉質變得軟嫩，去皮，接著加入肥豬肉條，並用煨煮高湯（濃縮的烹煮湯汁）進行稠化。

7 ▸ 在加熱至起泡的奶油中，用一些切碎的紅蔥頭翻炒雞油蕈，並在烹煮結束時加入細香蔥。預留備用。燙煮甘藍葉，瀝乾，接著切成長方形。預留備用。

8 ▸ 製作圓柱狀馬鈴薯：用刨切器將馬鈴薯從長邊切成薄片。用金屬管捲起，在一鍋油中炸至上色。瀝乾，移除壓模，並保留圓柱狀。

9 ▸ 雞油蕈餃的組裝：將義麵餃麵團擀平，用6公分的壓模裁成12個圓形麵皮，接著在每塊麵皮中央放上一些雞油蕈。用刷子在邊緣刷上摻有1小匙水的蛋黃漿（材料表外）。

10 ▸ 折成半月形，並稍微按壓邊緣。

11 ▸ 烹煮：將背肉的皮拉直，用保鮮膜包起，並以64℃（熱度2）加熱24分鐘。煮熟後取出，在平底煎鍋中用一些油和奶油將背肉煎香，接著將肉取下（將肉和骨頭分開）。

12 ▸ 擺盤：用菊芋泥和一些鴿腿肉填滿馬鈴薯圓柱，蓋上菊芋泥。將義麵餃投入高湯中，小火加熱但不要煮滾。用澄清奶油加熱方形的甘藍葉。在每個盤中擺上一片方形的甘藍，接著再擺上2顆義麵餃。將肥肝蒸蛋加熱，每盤擺上一顆半球形的肥肝蒸蛋，淋上混入一點肥肝的濃稠原汁，接著擺上一塊斜切的背肉，再擠出一點菊芋泥裝飾。

MAGRET DE PIGEON AUX PIEDS-DE-MOUTON, VIENNOISE DE CUISSE

羊腳菇鴿胸與維也納鴿腿

尚·庫梭(Jean Cousseau),巴黎斐杭狄副教授。

6人份
準備時間：1小時
烹調時間：2小時

INGRÉDIENTS 材料

去毛並掏空內臟的鴿子6隻
（每隻500克）
油350毫升
奶油50克
麵粉
洋蔥2顆
紅蔥頭2顆
胡蘿蔔2根
百里香
月桂葉
如馬迪朗（madiran）等高單寧的紅酒
1.5公升
羊腳菇（pieds-de-mouton）600克
（如果沒有就用雞油蕈girolles）
橄欖油
第戎芥末醬
麵包粉
紅蔥頭50克
平葉巴西利2枝
鹽、胡椒

USTENSILES 用具

漏斗型濾器
鑄鐵燉鍋
小型平底深鍋
平底煎鍋

故事源自1850年的一間食品雜貨店兼旅館，當時尚·庫梭的父母將這間旅館改為著名的飯店餐廳，後來才由尚·庫梭及妻子，以及他的兄弟傑克（Jacques）接手。他的料理受到朗德地區食材與風土的多變性所啟發，同時也受到湖泊、森林，以及海洋的影響。

鴿子去骨：將鴿腿去骨並稍微攤平，保留胸肉，並將取下的骨頭切小塊。

原汁：在煎炒鍋中，用油和奶油翻炒骨頭。加鹽並稍微撒上麵粉。加入調味蔬菜（洋蔥、紅蔥頭、胡蘿蔔、百里香、月桂葉），和預先燄燒（flamber）的紅酒。加蓋，入烤箱以200℃（熱度6-7）烤2小時。用細孔的漏斗型濾器過濾，並將這醬汁保留備用。

菇類的準備：將羊腳菇洗淨，用橄欖油煎炒，但仍保持清脆口感。

鴿腿的烹煮：將鴿腿入烤箱以180℃（熱度6）烤5分鐘，刷上芥末，再裹上麵包粉。用明火烤箱（salamandre）烤至上色。您也能用一般烤箱烘烤。

脊肉的烹煮：在煎炒鍋中將鴿胸的皮仔細煎至上色後，再熱熱地放入烤箱中烤7分鐘。在瓦斯爐上，或是蓋上鋁箔紙靜置15分鐘。

擺盤：將鴿脊肉去骨。用紅蔥頭和平葉巴西利為羊腳菇調味。將切成薄片的鴿脊肉、維也納鴿腿和羊腳菇擺盤。搭配裝在醬汁杯裡的醬汁上菜。

✳

6人份
準備時間：20分鐘
烹調時間：1小時

INGRÉDIENTS 材料
1.2公斤的兔肉1份
（請肉販切成規則的10塊）
油20克
奶油20克
麵粉
白酒500毫升
小牛基本高湯（見24頁）1公升
鹽、胡椒
粗鹽

garniture aromatique 調味蔬菜
胡蘿蔔150克
洋蔥150克
紅蔥頭50克
塊根芹（céleri boule）50克
西洋芹30克
用於配菜切下的蘑菇蒂
大蒜3瓣
香料束1束
迷迭香1枝
香薄荷1枝

garnitures 配菜
蘑菇傘蓋（têtes de champignon）
250克
檸檬汁1顆
奶油20克
水50毫升
珍珠小洋蔥150克
水100毫升
奶油20克
砂糖30克

sauce 醬汁
麵粉30克
奶油30克
濃縮的小牛基本高湯和白酒500毫升
鮮奶油（crème fleurette）250毫升
傳統芥末100克

fiition 最後完成
香葉芹⅛小束
平葉巴西利
西洋芹葉

USTENSILES 用具
漏斗型網篩
烤盤紙

LAPEREAU ET CRÈME DE MOUTARDE À L'ANCIENNE
傳統風味芥末奶油兔

1▸ 製作調味蔬菜：清洗所有蔬菜並切成骰子塊。在煎炒鍋中加熱油和奶油，加鹽和胡椒，為兔肉塊撒上麵粉，接著油煎，但不要過度上色。用漏勺將肉塊撈出，預留備用。去除煎炒鍋中多餘的油脂，接著將蔬菜（大蒜、香草、香料束除外）炒至出汁，但不要上色。

2▸ 兔肉的烹煮：將白酒倒入另一個平底煎鍋中，將白酒收乾1/3。將兔肉塊倒入含有出汁蔬菜的煎炒鍋中，加入大蒜、香料束、迷迭香和香薄荷。再倒入濃縮的白酒，並用小牛高湯淹過。加入1撮粗鹽（極少量）並煮至微滾，接著加蓋，放入預熱至180℃（熱度6）的烤箱中烤約40分鐘。確認烹煮程度（可用手指輕易鬆開兔肉），然後在兔肉煮至完美的熟度時，用漏勺將兔肉從煎炒鍋中撈出。放入湯盤，用保鮮膜包起，並置於微溫的烤箱中保存。用漏斗型網篩過濾烹煮湯汁，然後收乾3/4。

3▸ 蘑菇的烹煮：轉削蘑菇（見470頁的技巧），並抹上檸檬。在煎炒鍋中，將水、檸檬汁和奶油煮至微滾，接著放入轉削好的蘑菇。蓋上烤盤紙並快速加熱，以免蘑菇變黑。將蘑菇瀝乾，將湯汁濃縮至糖漿狀態。

4▸ 白煮珍珠小洋蔥（oignons grelots à blanc）：在煎炒鍋中放入去皮的珍珠小洋蔥、水、奶油和糖，煮沸，並蓋上烤盤紙。微滾至洋蔥變為透明。用水果刀確認熟度。當洋蔥煮熟時，去掉烤盤紙，然後用烹煮湯汁包覆洋蔥，並以旺火將湯汁濃縮，一邊攪拌，以免洋蔥上色。預留備用。

5▶ 最後完成：將烹煮湯汁濃縮至500毫升。製作白油糊 roux blanc（不將奶油和麵粉炒上色），而是盡可能緩慢地加熱，放涼。緩慢地將烹煮湯汁淋在冷卻的油糊上，接著加熱並倒入鮮奶油，煮沸，接著離火並混入芥末，以免醬汁結塊（看起來沒有分離）。調味並淋在在盤中保溫的兔肉上。擺上蘑菇、糖漬但不上色的洋蔥，最後再以香葉芹、平葉巴西利和西洋芹葉裝飾。

**

6人份
準備時間：30分鐘
烹調時間：1小時20分鐘

LAPEREAU, CRÈME DE MOUTARDE À L'ANCIENNE ET PETITS LÉGUMES D'HIVER

傳統風味芥末醬小兔佐冬季迷你蔬菜

INGRÉDIENTS 材料

兔背肉（râble de lapin）6塊
兔胸（cage thoracique de lapin）6個
麵粉
奶油20克
油20克
鹽、胡椒
豬油網（crepine de porc）1份
白酒500毫升
小牛基本高湯（見24頁）1公升
粗鹽

duxelles de cèpes 牛肝蕈泥
牛肝蕈250克
奶油30克
切碎的紅蔥頭50克

garniture aromatique 調味蔬菜
胡蘿蔔150克
洋蔥150克
紅蔥頭50克
塊根芹50克
西洋芹30克
配菜使用切下的巴黎蘑菇蒂
大蒜3瓣
香料束1束
迷迭香1枝
香薄荷1枝

garnitures 配菜
巴黎蘑菇傘蓋250克
水50毫升
檸檬汁1顆
奶油20克

珍珠小洋蔥150克
奶油20克
水100毫升
砂糖30克

迷你胡蘿蔔6根
迷你蕪菁6顆
迷你韭蔥6棵
整顆栗子200克

sauce 醬汁
奶油30克
麵粉30克
小牛基本高湯500毫升
鮮奶油250毫升
高級芥末醬（moutarde fine）100克

USTENSILE 用具
料理用繩

1▸ 兔肉的準備：請家禽商幫忙將兔胸去骨，讓兔胸肉可以如羔羊排般捲起，但同時又保留肋骨的部分。加鹽、胡椒，接著用繩子綁起。

2▸ 牛肝蕈泥：修整牛肝蕈，如果太大朵，就切小蕈傘的部分，然後切成骰子塊，預留備用。在煎炒鍋中將奶油加熱至融化，將切碎的紅蔥頭炒至出汁，並煎炒成金黃色。加入牛肝蕈丁，以旺火炒約10分鐘。調味並預留備用。

3▸ 烹煮的準備：將脊肉去骨（見394頁技巧），並包入牛肝蕈泥，接著用豬油網綁起。為兔肉塊撒上麵粉，接著放入油中油煎，但不要過度上色。將兔肉塊從雙耳深鍋中取出，預留備用。去除鍋中多餘的油脂。清洗所有調味蔬菜並切成骰子塊，在雙耳深鍋中炒至出汁，但不要上色（大蒜和香料束先不加）。

4▸ 兔肉的烹煮：在另一個平底深鍋中將白酒收乾1/3。在含有出汁蔬菜的雙耳深鍋中加進兔肉、大蒜、香料束、迷迭香和香薄荷。倒入濃縮的白酒，並用小牛高湯淹過。加入一些粗鹽（極少量），將全部材料煮至微滾，加蓋，放入預熱至180℃（熱度6）的烤箱中烤約40分鐘。確認烹煮程度（兔肉可用手指輕易鬆開）。用漏勺將肉塊撈出，放入湯盤，用保鮮膜包起，並置於微溫的烤箱中保存。將用繩子綁起的兔胸肉連骨浸入烹煮湯汁中，煮約30分鐘，接著將兔胸肉取出，並用保鮮膜包起保存。用漏斗型網篩過濾烹煮湯汁，然後在煎炒鍋中收乾3/4。

5▸ 白煮蘑菇（Cuisson des champignons à blanc）：轉削蘑菇（見470頁的技巧），並抹上檸檬。將水、檸檬汁和奶油煮至微滾，然後放入蘑菇。蓋上烤盤紙並快速加熱，以免蘑菇變黑。瀝乾後將湯汁濃縮至精萃（essence）狀態，以便加入醬汁中。

6▸ 白煮珍珠小洋蔥：在煎炒鍋中放入去皮的珍珠小洋蔥、水、奶油和糖，煮沸，並蓋上烤盤紙。微滾至洋蔥變為透明。用水果刀確認熟度。當洋蔥煮熟時，去掉烤盤紙，然後用烹煮湯汁包覆洋蔥，並以旺火將湯汁濃縮，但不要讓洋蔥上色。預留備用。

7▸ 冬季蔬菜的烹煮：仔細將蔬菜去皮，並將蔬菜分開煮至微滾，用水淹至一半高度，並加入少量奶油和粗鹽，蓋上烤盤紙。務必要讓蔬菜保留些許清脆口感。

8▸ 最後完成：將烹煮湯汁濃縮至剩下500毫升。製作白色油糊（用奶油和麵粉但不要炒上色），盡可能以小火烹煮，並放涼。將烹煮湯汁倒入冷卻的油糊中，接著緩慢加熱。倒入鮮奶油，煮沸，接著離火，混入芥末醬，調味並預留備用。

9▸ 上菜時：在煎炒鍋中，用一些小牛高湯和奶油，將煮熟的蔬菜和栗子再加熱，讓它們能夠散發出光澤。在每個盤中倒入一些醬汁，在醬汁中擺上二塊切塊的脊肉，接著是各種迷你蔬菜，然後放上轉削的蘑菇和珍珠小洋蔥。最後放上從「兔肉排」上切下的一小根兔胸肉，接著以一些香葉芹作為裝飾。

RÂBLES DE LAPIN FARCIS AUX HUÎTRES, PURÉE DE POMME DE TERRE, POMME DE TERRE ET CÉLERI MARINÉS AU CHABLIS

兔背肉鑲牡蠣佐馬鈴薯泥與夏布利酒漬西洋芹馬鈴薯

堤埃里・馬克斯(Thierry Marx),巴黎斐杭狄導師會議成員。

堤埃里・馬克斯是位無私的現代主廚。他展現出睿智和直覺。他的努力不只是在料理上,在年輕人和同行眼中,他也非常積極進行實地探訪。堤埃里•馬克斯全心投入在專業價值的傳遞,並在日常生活中分享他的熱情。

6人份
準備時間:1小時55分鐘
烹調時間:1小時40分鐘

INGRÉDIENTS 材料
兔脊肉(râbles de lapin)3塊
3號牡蠣12顆
鹽、胡椒

farce fine de volaille 雞肉餡
雞肉(poulet)100克
蛋白1個
鮮奶油100克

garnitures 配菜
班杰馬鈴薯3顆
波多氣泡礦泉水(Badoit)
夏布利葡萄酒(chablis)500毫升
塊根芹1顆

salade de pousses 嫩葉沙拉
芥茉苗(pousses de moutarde)1盒
水菜嫩葉(pousses de mizuna)1盒
生蠔葉嫩葉(pousses d'Oyster Leaves®)1盒

USTENSILES 用具
電動攪拌器
保鮮膜
蒸烤箱
日式刨切器

塞餡背肉:將脊肉去骨,接著將脊肉的內部切開,但不要將脊肉完全切斷。去掉筋和肥肉的部分,接著用細鹽調味,撒上一點胡椒。您亦可請您的肉販代為處理。製作雞肉餡,用電動攪拌器將所有材料打碎,接著用橡皮刮刀鋪在脊肉內部和中央。在每塊脊肉的中央,由高到低擺上4片清洗乾淨、修剪並用吸水紙將水分吸乾的生蠔葉。用保鮮膜從脊肉的一側捲起,盡可能捲緊。再加上一層烤盤紙,以免在烹煮時會有水分滲透。將捲好的脊肉放入蒸烤箱中,以75℃蒸1小時,接著放入一盆冰水中冷卻。冷藏保存。

馬鈴薯:用日式刨切器將馬鈴薯切成厚1公分的薄片,接著再切成長6公分的條狀。用波多氣泡礦泉水煮馬鈴薯,放入冰水中冷卻,接著再以夏布利葡萄酒醃漬。

塊根芹的準備:將塊根芹削皮,接著用切片機(trancheuse)切成2公釐厚的薄片。接著再切成長7公分、寬1.5公分的小片。用波多氣泡礦泉水將這些小片的塊根芹煮至微滾。將小片塊根芹浸入冰水中冷卻,接著再以夏布利葡萄酒醃漬。之後製成卷狀。

馬鈴薯泥:將馬鈴薯切片後的碎塊水煮,瀝乾後用食物研磨器攪碎。在平底深鍋中,開小火,用打蛋器攪拌馬鈴薯泥、鮮奶油和奶油至形成想要的稠度。

嫩葉沙拉:揀選芥茉苗、水菜嫩葉和生蠔葉嫩葉,去梗並清洗。

最後完成:將準備好的馬鈴薯泥盛盤,放上切塊的兔脊肉捲,四周放上塊根芹捲和馬鈴薯條,放上嫩葉沙拉。

LE GIBIER

野味

Le gibier
野味

野味分爲二類：走獸（Gibier à poil）和飛禽（Gibier à plume）。爲了瞭解情況，您可以向家禽商提出您所有的疑問，而家禽商身爲專業人士，能告訴你實用的資訊，尤其是肉的熟成，而這會依動物的種類而有所不同。無論如何，請盡量選擇雌性而非雄性（如雌雉、母鹿等），而且最好選擇體型小的。例如，相較於需要長時間烹煮的山鶉（Perdrix），灰色的小山鶉（perdreau gris）會以帶血的狀態上菜。

Définition 定義

在餐飲中，「野味gibier」一詞指的是所有在野生狀態中活著的可食用動物，而且只能在規定的時期進行狩獵和販售。但在狩獵季以外的時節，我們也能在市面上看到大量這些動物，牠們在被捕捉後，經過一段時間的飼養，因此全年都可以取得。

野味必須具有衛生標章，才能在餐廳販售。

Les gibiers se classent en deux catégories 野味分爲二類：*les gibiers à poil* 走獸，包括大型野味（雌鹿 biche、雄鹿 cerf、狍 chevreuil、野豬 sanglier、小野豬 marcassin），和小型野味（野兔、穴兔 garenne）；以及 *les gibiers à plume* 飛禽，生長於平原或山區（山鷸 bécasse、西方松雞 coq de bruyère、雉雞、松雞 grouse、山鶉、小山鶉、野鴿 ramier、花尾榛雞 gélinotte、黑琴雞 tétras、鵪鶉 caille），包含小野味或小鳥（雲雀 alouette、圃鵐 ortolan、斑鶇 grive、烏鶇 merle、鶯 becfigue、鴴 pluvier），以及水生野味（野鴨、小辮鴴 vanneau、鵝、小水鴨 sarcelle）。

要注意的是，黑琴雞和山鷸是禁止販賣的，就和圃鵐一樣。

野味的販售受到法律限制，而且依各省而定，期間從狩獵開始後一天至狩獵結束後一週爲止。野生的野味（gibier）僅能在法律認可的時期內進行販售和運輸。至於大型野味（venaison），1992年一項歐洲共同體的法規規定，大型野味必須在24小時內清除內臟（因爲急性旋毛蟲病，尤其是野豬）。

在野生野味方面，唯一的責任落在餐廳業者身上，他們必須提供發票或明確的識別標記（金屬夾、鉛印標籤、紙標）做爲證明。

Conseils d'achat 購買建議

最好選擇雌性而非雄性，因爲前者的肉質較爲軟嫩。

Le gibier à plume 新鮮的飛禽在外觀上仍保留羽毛，而且尚未清空內臟。飛羽（鳥類硬直的大根羽毛）末端必須是尖的，而且羽毛下方必須能看到絨毛。小山鶉或雉雞眼睛周圍的肉突（肉的贅生物）必須略略突出，腳必須很乾淨，不能有明顯的鱗片，剛長出禽距，胸骨具有彈性，胸部多肉而且發育完全，喙柔軟而有彈性。請勿選擇因鉛或狗牙而毀損的野味。

Le gibier à poil 走獸的毛必須具有光澤且潔淨。請勿選擇有血腫或帶有大型血塊的走獸。購買時請毫不猶豫地聞聞味道，走獸的氣味必須具有特色，但又不會過於強烈，否則表示這隻動物已經衰老或是失去了鮮度。

被獵捕動物的生活方式與飲食，決定了其肉質和味道。年長動物的肉較結實且堅韌，因而最好選擇「幼嫩」和「新鮮」的。值得注意的是，比起「人爲刻意捕捉」的動物，「意外」被捕的動物總是比較健康，因爲壓力會讓動物的肉充滿尿酸。

— PRÉPARATION DES GIBIERS —
野味的烹調

Animaux**動物**	Morceaux肉塊	Techniques de cuisson烹調方式					
		Poché 水煮	Rôti 烘烤	Poêlé 油煎	Grillé 燒烤	Sauté 油炸	Braisé ou en ragoût 煨或燉
Gibier à plume 飛禽							
Caille 鵪鶉	Entière 整隻		X	X	X	X	X
Pigeon 鴿子	Entier 整隻		X	X	X	X	X
Perdreau 小山鶉	Entier 整隻		X				
Perdrix 山鶉	Entière 整隻						X
Faisan 雉	1 pour 2 pers. 2人1隻						
Canard 鴨	1 pour 2 pers. 2人1隻		X	X	X	X	X
Gibier à poil 走獸 *(petits gibiers* 小型野味*)*							
Lièvre 野兔	Arrière-train, râble ou cuisses 後半身體、背肉或腿肉			X		X	X
Lapin de garenne 穴兔	Arrière-train, râble ou cuisses 後半身體、背肉或腿肉					X	X
Gibier à poil 走獸 *(venaison* 大型野味*)*							
Chevrette et chevreuil 雌狍與公狍	Cuissot ou gigue 腿		X	X			
	Selle ou cimier 脊肉或臀肉		X	X			
	Carré 肋排		X				
	Côtelettes 小排				X	X	
	Noisette 去骨小排				X	X	
	Filet mignon 菲力		X		X	X	
	Épaule 肩肉		X				X
	Poitrine 胸肉				X	X	X
Biche et cerf 雌鹿與雄鹿	Cuissot 腿		X	X			X
	Selle 脊肉		X	X			
	Carré 肋排		X			X	
	Côtelettes 小排				X	X	
Sanglier 野豬	Cuissot 腿		X	X			X
	Selle 脊肉		X	X			
	Carré 肋排		X			X	
	Côtelettes 小排				X	X	
	Tête 頭	X					X

Les marinades 醃漬

只有第2、3類的肉適合醃漬，因為它們是用來燉煮的肉塊。
您想要醃漬時，在此提供二種方法：

Marinade crue pour les petits animaux 用於小型野味的
生醃：混合紅酒、橄欖油（極少量）或花生油，以及調味蔬菜
（百里香、月桂葉、胡蘿蔔、洋蔥、韭蔥蔥綠、西洋芹莖）、1
至2顆丁香和一些杜松子，接著醃漬肉塊最多24小時。

*Marinade cuite pour les grosses venaisons et les mor-
ceaux riches en collagène* 用於大型野味和富含膠原蛋白肉
塊的熟醃：用一些油脂將調味蔬菜炒至出汁，接著用酒淹過。
加入香料後煮至微滾，微滾30幾分鐘，過濾湯汁，接著讓肉
塊浸泡24至48小時。

至於醃漬用酒的選擇，請選擇單寧含量高，但未必昂貴的
酒。香草（香薄荷、鼠尾草、迷迭香）如果很新鮮的話可以不
必放太多。相較於乾燥的香草，新鮮香草的用量可減半。

目前的趨勢已不再流行醃漬，而是使用新鮮的野味，並在烹
煮前1至2小時才用刷子刷上芳香的配料，稱為 *marinade
instantanée* 即時醃漬。

Conseils des chefs
主廚建議

如果您要冷凍野味，務必只能在熟成後2至3日內將肉
塊冷凍，而且如果可以的話，狍子的腿或野豬
請連皮一起冷凍。
野味有其適合的熟度，因此請避免過度烹煮。
永遠要記住，草食性動物適合半熟上菜，而雜食性動物
因衛生的考量，一定要全熟。
永遠記得提前2至3天製作紅酒醬（civet），
而且如果可以的話，請在享用前加熱二次，
醬汁會變得更加美味。
為了用血來稠化醬汁，請使用極新鮮的血，即鮮紅色、
無氣味的血，並摻入微量的澱粉和一些醋。
您可加入一點可可脂含量極高的巧克力，
可讓醬汁變得更柔和，並用來提味。一旦稠化後，
就不要再將醬汁煮沸。

Association de garnitures 配菜的組合

野味搭配酒漬洋梨、榲桲、蘋果、葡萄、無花果、櫻桃、越
橘凍、醋栗、藍莓，都是基本的組合。
煨煮的蕪菁、萵苣、白甘藍（chou blanc）、紫甘藍（chou
rouge）也非常適合。菇類（牛肝蕈、雞油蕈、羊肚蕈、秀珍
菇pleurote等）也是好夥伴，就跟栗子、洋蔥、蠶豆、馬鈴
薯和地瓜泥一樣。

La purée de céleri 塊根芹泥：以鹽皮（每公斤的麵粉加100
克的鹽，並加入一些水，揉成具延展性的麵皮）包覆塊根芹，
以180℃（熱度6）烤約2小時至2小時30分鐘。收集果肉，
並用細孔網篩過濾，以形成非常平順絲滑，並具有細緻香氣
的塊根芹泥。

您也能嘗試混合搭配：塊根芹榲桲果漬和以紅酒泡開的無花
果乾，再搭配一些如杏仁、核桃或榛果等堅果。

Les sauces 醬汁

野味非常適合搭配醬汁，大型野味尤其適合搭配胡椒醬汁
（sauce poivrade）（見76頁步驟技巧）的衍生醬汁，例如紅
醋栗胡椒醬（grand veneur）（以紅酒和醋栗凍為基底），或
黛安娜醬（sauce diane）（加入鮮奶油的胡椒醬汁）。

苦橙醬（La sauce bigarade）（以苦橙製成）和鴨肉很對味。
雉雞、鵪鶉和小山鶉則適合搭配薩米斯醬汁（sauces salmis）
（以骨架製成高湯，再添加稠化的棕色高湯，接著再以切碎的
腸子增稠）、史密坦醬（smitane）（以酸奶油和切碎的洋蔥所
組成，並加入白酒），或佩里克醬汁（périgueux）（以松露為
基底）。至於兔肉和野兔，請記得搭配奶油醬（sauce crème）
或芥末醬。

Conseils des chefs
主廚建議

請記得收集飛禽的肝和心，可用來製作烤麵包片，
即先烹煮骨架，然後從湯汁中收集內臟，
切碎後再抹在烤麵包上。

Conseils des chefs
主廚建議

在您製作野味凍派（terrine de gibier）時，永遠都要記得混入豬頸肥肉（gras de gorge de porc）或五花肉，以免凍派過乾。先將豬頸肥肉切塊，放入家禽基本高湯中燉煮，並混入瘦肉。也可混入野味濃縮醬汁（glace de gibier）來為肉調味。為了進行理想的烹煮，中心溫度千萬不要超過 72℃，蛋白質融化的溫度是 65℃。

先在熱烤箱中烘烤（180℃ -200℃）可促進梅納（Maillard）反應，並在表面形成漂亮的外皮（約 5 分鐘），接著將陶罐隔水加熱，以溫和的方式繼續烹煮。

若要製作派餅（tourte），為了能夠將折疊派皮進行完美的烘烤，請使用 1 至 2 公釐厚的油酥麵團（pâte brisée）作為基底，熟的派皮因而能夠在擺上餡料或肉時吸收湯汁。再用折疊派皮整個包起。

———

LES DIFFÉRENTS GIBIERS 各種野味
Les gibiers à plume 飛禽

山鷸 *La bécasse* 屬於涉禽類，可在 3、4 月和 10 至 11 月進行獵捕，因為在這個時期的山鷸最為肥美軟嫩。猶如枯葉般的羽毛讓牠很難被發現，只有接受獵人朋友的贈予，因為牠們是禁止販售的。

鶯 *becfigue* 一詞用來形容各種燕雀類的小鳥（具林棲、鳴唱和築巢習性的小鳥，爪有四趾），如烏鶇、夜鶯（rossignol）、麻雀（moineau）或烏鴉（corbeau）。

鵪鶉 *La caille* 是一種原產自遠東國家的候鳥，近似法國春夏間在平原地區發現的山鷸。今日的鵪鶉已被當成家禽飼養。

西方松雞 *Le coq de Bruyère* 是一種大型的雞形鳥（成年的雄性鳥可達 8 公斤），亦被稱為「大松雞」。在阿登山脈（les Ardennes）、佛日山脈（les Vosges）和庇里牛斯山地等地區狩獵必須遵守當地的相關規定。

雉雞 *Le faisan* 是源自亞洲的雞形鳥，目前野生族群的數量因獵捕而減少。因此，現在會將飼養的雉雞放生，讓牠們能夠繁殖。只有年老的雉雞必須經過熟成。

松雞 *La grouse* 本身也屬於雞形鳥家族，很接近花尾榛雞（gélinotte），盛產於蘇格蘭。愛好者酷愛牠的肉質。

圃鵐 *L'ortolan* 為屬於鵐科的小型飛禽，被視為最優質細緻的野味。以漿果、嫩芽、葡萄、小米和小昆蟲為食，也因而賦予其肉質細緻的味道。這是珍饌，因為這種鳥在法國和歐洲都是保育類動物。通常會以烤或串燒的方式烘烤。

山鶉 *La perdrix* 的狩獵範圍涵蓋整個法國領土，而且非常受人喜愛。主要分為二大品種：紅山鶉（體型較大，400 至 500 克）和灰山鶉。

小山鶉 *Le perdreau* 可透過牠彎曲的嘴和白點來加以辨識，白點即牠的翅膀最早長出羽毛的地方。

小水鴨 *La sarcelle* 是一種會遷徙的小型野鴨。有二種品種，一種的頭部為棕色和綠色（冬季野鴨 sarcelle d'hiver），另一種則是灰色頭帶有白色條紋（白眉鴨 sarcelle d'été）。

小辦鴴 *Le vanneau* 是一種背部為銅綠色，腹部為白色的涉禽鳥類。牠的體型同鴿子，肉質細緻，非常受人喜愛。

Les gibiers à poil 走獸

雌鹿 *La biche* 為鹿科的母鹿。

雄鹿 *Le cerf* 為歐洲、亞洲和美洲森林的反芻動物。成年時高度可達 1 公尺 50 公分，重量可達 200 公斤。在中世紀時非常受到喜愛，幼鹿的肉質尤為細緻。

狍 *Le chevreuil* 也屬於鹿科家族，體型較小，為歐洲和亞洲森林的反芻動物，成年時的重量不超過 25 公斤。6 個月前的小狍被稱為「幼鹿 faon」，6 個月至 18 個月時被稱為「幼狍 chevrillard」，最後被稱為「雄狍 brocard」。雌性的狍子被稱為「雌狍 chevrette」。

野兔 *Le lièvre* 屬於兔科家族，是北半球的素食哺乳動物，有長長的後腳和大耳朵。雌性的野兔稱為「hase」，雄性的則稱為「bouquin」。

野豬 *Le sanglier* 為歐洲和亞洲林區的野生豬。三角形的頭和突出的尖牙為其辨識的特徵。若說小野豬（marcassin）的肉質細緻，那成年野豬的味道則是強烈許多。

Brider
un faisan

繩綁雉雞

❋

USTENSILES 用具

綁肉針

繩子

· 1 ·

將方形的肥肉薄片（barde de lard）依雉雞的大小切開。

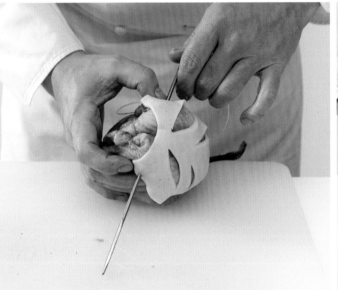

· 4 ·

繼續刺穿翅膀端、頸部的皮，接著穿過第二隻翅膀，務必都要穿過肥肉片。

· 5 ·

將繩子牢牢綁起並打2個結。

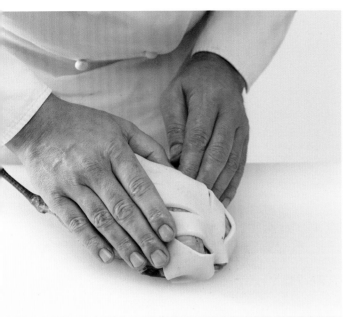

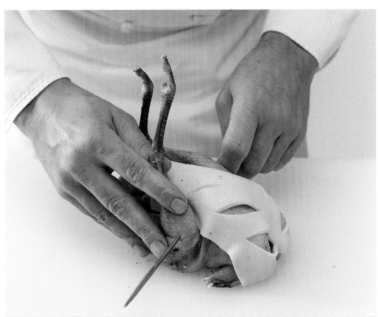

· 2 ·

為雛雞調味，接著將肥肉薄片貼在胸肉上（以免肉在烹煮時乾柴）。

· 3 ·

用綁肉針和料理用繩貫穿2隻腿的關節處。

· 6 ·

將屁股朝胸部方向折起，用針貫穿，再回頭穿過胸骨兩端（務必要將足部固定住），用繩子綁緊，打2個結。

· 7 ·

雛雞已經綁好，貼上肥肉薄片，隨時可供烹調使用。

Désosser un râble

兔脊肉去骨

❋

USTENSILE 用具
去骨刀

• 1 •

去掉多餘的脂肪，如有需要也去掉腎臟，接著將脊肉擺至背上。

• 4 •

將脊肉切開，永遠都要沿著脊柱切開。

• 7 •

第2塊脊肉也以同樣手法進行。

· 2 ·

切除內部的小里脊肉，預留備用。

· 3 ·

將脊背翻面，沿著脊柱將脊肉劃開。

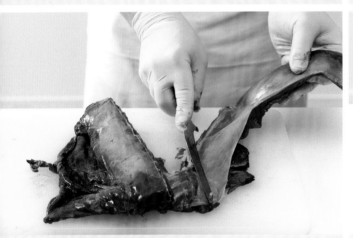

· 5 ·

從脊椎處切下第1塊脊肉。

· 6 ·

取出第1塊脊肉。

· 8 ·

從最厚的部位開始，用刀劃過筋，將筋剔除。

· 9 ·

修整好的脊肉，可供烹調使用。

MÉDAILLON DE CHEVREUIL AU PARFUM DE LA FORÊT
森林風味鹿排

6人份
準備時間：1小時30分鐘
烹調時間：2小時30分鐘

INGRÉDIENTS 材料
鹿脊肉（selle de chevreuil）1塊
葵花油

sauce poivrade胡椒醬汁
鹿脊肉切下的骨頭和碎屑
葵花油
調味蔬菜500克
（胡蘿蔔120克、洋蔥120克、西洋芹
120克、大蒜50克、番茄90克）
麵粉
干邑白蘭地（Cognac）
紅酒300毫升
香料束1束
杜松子
黑胡椒
醋栗凍（gelée de groseille）30克

garnitures配菜
BF15小馬鈴薯6顆
奶油100克
栗子南瓜1顆
葵花油100毫升
艾斯伯雷紅椒粉
喇叭蕈（trompettes-de-la-mort）
100克
大蒜1瓣
百里香1枝
低溫烹調的剝皮栗子（marrons
épluchés sous vide）200克
平葉巴西利1小束
鹽、胡椒粉

USTENSILES 用具
漏斗型濾器
電動攪拌器

1▸ 修整鹿脊肉（見394頁的兔脊肉去骨技巧），並去筋。爲生鹿肉去骨，接著切成圓餅狀。

2▸ 胡椒醬汁：將鹿脊肉的骨頭和修切下的肉切小塊。在平底煎鍋中，用葵花油將上述備料煎至上色，接著移至平底深鍋中。加入切成小骰子塊的調味蔬菜，炒至出汁。去掉油脂，撒上一些麵粉，接著以干邑白蘭地燄燒（flamber）。淋上紅酒，去漬並煮至濃縮，接著倒入水。加入香料束、杜松子和磨碎的黑胡椒。以小火煮2小時。加入醋栗凍，調整調味，並以漏斗型濾器過濾醬汁。

3▸ 製作配菜：將馬鈴薯削皮，接著削成圓柱狀。清洗，接著再以刨切器切成薄片。不要清洗，並蘸取40克的加鹽澄清奶油（見66頁）。在烤盤紙上排成小型的圓花飾，並保存在陰涼處。

4▸ 接著在不沾平底煎鍋中，用澄清奶油爲這些圓花飾輕輕煎上色。

5▸ 製作栗子南瓜泥：將栗子南瓜去皮，並切成小塊。將南瓜塊放入裝有鹽水的平底深鍋中，煮至刀尖能輕易插進果肉。您也能用鋁箔紙包起，入烤箱烤30分鐘。去籽。

6▸ 瀝乾後和30克的奶油一起以電動攪拌器攪打。在另一個平底深鍋中以少許的水，煮栗子南瓜，加入100毫升的葵花油、鹽和艾斯伯雷紅椒粉，以小火慢燉，接著過濾，只保存油的部分。

7▸ 將喇叭蕈切片，去土並快速沖洗，接著以30克的奶油、1瓣大蒜和1枝百里香油煎。將栗子加熱。

8▸ 油煎鹿肉，務必讓肉保持粉紅色。

9▸ 擺盤：在每個盤中擺入餅狀的鹿肉，隨處擺上一些栗子南瓜泥、被馬鈴薯圓花飾圍繞的栗子、一些煎好的喇叭蕈、胡椒醬汁、幾片平葉巴西利葉，以及幾滴栗子南瓜油。

6人份
準備時間：2小時
醃漬時間：12小時
烹調時間：15分鐘

INGRÉDIENTS 材料
鹿脊肉1塊
庇里牛斯醃漬肉品（Salaisons
Pyrénéennes）的椒鹽豬五花
（poitrine de porc salée et poivrée
加斯科涅Bigorre黑豬）100克

marinade 醃漬
波爾多紅酒1瓶
陳年酒醋50毫升
調味蔬菜（胡蘿蔔、洋蔥、西洋芹、
大蒜、香料束）500克

sauce poivrade 胡椒醬汁
鹿脊肉的骨頭和碎肉500克
醃漬醬料的調味蔬菜
葵花油
麵粉
干邑白蘭地（Cognac）半杯
醃漬醬料的紅酒
醃漬醬料的香料束
杜松子10顆
黑胡椒
醋栗凍30克
特苦黑巧克力20克

garnitures 配菜
BF15馬鈴薯3大顆
歐防風（panais）1根
菊芋2個
奶油南瓜1個
鮮奶油100毫升
牛乳100毫升
蛋1顆
綿羊乳酪（fromage de brebis）100克
牛肝蕈200克
奶油
大蒜1瓣
百里香2枝
越橘（airelle）50克
糖
青檸檬1顆
柿子（kaki）2個
水芹（cresson）½小束
羅勒1枝
鹽、胡椒

USTENSILES 用具
刨切器
電動攪拌器
漏斗型網篩

SELLE DE CHEVREUIL
DANS SES SAVEURS
ET PARURES AUTOMNALES
秋日風情鹿脊肉

1 為鹿脊肉去筋，修整鹿脊肉，接著鑲入小片的加斯科涅黑豬五花片。

2 用紅酒、醋和調味蔬菜醃漬肉塊，冷藏12小時。

3 胡椒醬汁：將鹿脊肉上的醃漬材料瀝乾，保存於陰涼處。將鹿脊肉的骨頭和修切下的肉切小塊，在平底煎鍋中，用一些葵花油煎至上色。移至燉鍋中，加入醃漬材料的調味蔬菜，炒至出汁。去掉油脂，撒上一些麵粉，以半杯干邑白蘭地燄燒（flamber）。淋上醃漬材料的紅酒，將湯汁收乾，接著用水淹過。煮沸，加入香料束、杜松子、磨碎的黑胡椒，以小火煮2小時。加入醋栗凍，接著一邊攪打，一邊加入切碎的巧克力。調整調味，並以漏斗型濾器過濾醬汁。預留備用。

4 製作配菜：製作蔬菜千層派。用刨切器將4種蔬菜切成薄片，加以調味。混合牛乳、鮮奶油和蛋。在塗上奶油的方形盤中鋪入蔬菜，在最上層和底層擺上馬鈴薯片，並在每一層之間倒入鮮奶油蛋糊。

5 在表面鋪上切成薄片的綿羊乳酪，接著放入預熱至180℃（熱度6）的烤箱中焗烤30分鐘。靜置，脫模後切成幾份（正方形、圓形或長方形），接著再放入盤中。

6 在加熱至起泡的奶油中，連同壓碎的蒜瓣和百里香一起油煎牛肝蕈。用糖和青檸汁製作糖煮越橘（compotée d'airelles）。

7 將柿子去皮，切成薄片後預留備用。在加鹽沸水中以大火燙煮水芹，數秒後瀝乾，加入羅勒葉。用清水冰鎮，接著和水一起放入電動攪拌器中攪打，調味並用漏斗型網篩過濾。

8 在平底煎鍋中，用一些油脂將鹿脊肉煎至上色，最後再放入預熱至200℃（熱度6-7）的烤箱烘烤，務必要讓肉保持粉紅色。

9 擺盤：擺上整塊的脊肉，搭配醬汁和配菜，接著在每個餐盤中擺上1塊切成圓餅狀的鹿肉，並將配菜擺在周圍。

6 人份
準備時間：1小時5分鐘
烹調時間：1小時35分鐘

INGRÉDIENTS 材料

索洛涅鹿肉排（Filets de chevreuil de Sologne）（3×160克）
澄清奶油（見66頁）50克
鹽、胡椒

jus au poivre maniguette
幾內亞胡椒汁
紅蔥頭 70 克
紅酒 150 毫升
鹿肉原汁（jus de chevreuil）400 毫升
加斯底醬（gastrique）（糖和醋的濃縮）20 克
綜合胡椒粒
奶油

pralin de noisette 榛果帕林內
糖 40 克
榛果 150 克
奶油 185 克
榛果粉 75 克
白麵包粉（chapelure blanche）105 克
細鹽
榛果油（Huile de noisette）

navets et la butternut
蘿蔔和奶油南瓜
白蘿蔔 750 克
巴薩米克白醋（vinaigre balsamique blanc）300 毫升
波特白酒（porto blanc）150 毫升
奶油南瓜（courge butternut）100 克
奶油 40 克＋30 克

feuille de polenta 玉米片
粗粒玉米粉（semoule de polenta）22.5 克
家禽基本高湯 135 克
馬斯卡邦乳酪 37.5 克
鹽
洋菜 1.05 克

appareil a tuile dentelle
蕾絲瓦片麵糊
雞油蕈（chanterelles）100 克
切碎的紅蔥頭 10 克
奶油 20 克
胡蘿蔔泥（puree de carotte）37.5 克
奶油 120 克
麵粉 22.5 克
水 45 克

décor 裝飾用
芥茉葉（feuilles de moutarde）40 克
榛果油醋醬（vinaigrette a l'huile de noisette）15 毫升

NOISETTE DE CHEVREUIL RÔTIE AU PRALIN DE NOISETTE, NAVETS FONDANTS, JUS AU POIVRE MANIGUETTE
榛果帕林內烤鹿排佐幾內亞胡椒醬軟蕪菁

艾瑞克・帕（Éric Pras），巴黎斐杭狄副教授，2004 年 MOF 法國最佳職人。

艾瑞克・帕在幾間最知名餐廳：羅阿訥（Roanne）的 TROISGROS、索利厄（Saulieu）的 LOISEAU、聖艾堤安（Saint-Étienne）的 GAGNAIRE... 等環境下成長，2008 年他與傑克・拉蒙盧瓦茲（Jacques LAMELOISE）再度聚首，目標是維持餐廳出色的水準。他做到了。他的料理以簡單、豐盛著稱，料理在傳統和現代之間取得協調。

肉的烹煮：烤鹿脊肉，讓肉維持粉紅色。

幾內亞胡椒汁：將紅蔥頭和紅酒濃縮至形成鏡面（glace）（糖漿狀質地），倒入鹿肉汁，加入加斯底醬，並將原汁稍微濃縮。加入胡椒並浸泡3分鐘。用漏斗型濾器過濾，並混入奶油。

帕林內：將糖加熱至融化，直到形成金黃色的焦糖並放入榛果，續煮3分鐘後放涼，用電動攪拌器（robot coupe）攪打。混合榛果帕林內和軟化的奶油、榛果粉、麵包粉、鹽和幾滴榛果油。將麵糊鋪在二張塑膠片（feuille de papier guitare）之間，讓麵糊凝固後裁成長方形。擺在鹿脊肉上。

軟化蘿蔔：用日式刨切器將白蘿蔔切成9公分的帶狀，燙煮後放涼。將200克的蘿蔔切成厚2公釐的條狀，同樣燙煮後放涼。將醋收乾一半，加入蘿蔔條燉煮。加入切碎的平葉巴西利，並捲成義式麵卷（cannellonis）的形狀。

奶油南瓜：用挖球器將奶油南瓜挖成小球，燙煮至熟。泡在融化的奶油中直到分裝的時刻。

玉米片的部分：將粗粒玉米粉煮成玉米粥，並加入馬斯卡邦乳酪和洋菜。將玉米粥鋪在二張塑膠片之間，裁成邊長10公分，厚3至4公釐的方片。

蕾絲瓦片麵糊：混合所有材料，將1大匙的麵糊擺在不沾平底煎鍋中，加熱。再以壓模壓成三角形。

擺盤：將榛果帕林內擺在烤鹿肉上，以明火烤箱焗烤。將鹿肉從寬邊切半。將一片玉米片擺在餐盤中央，並擺上白蘿蔔捲成的義式麵卷。擺上4-5顆奶油南瓜小球。將瓦片、沙拉和芥茉葉擺在一旁，並放上雞油蕈和淋上幾內亞胡椒汁。

— *Recette* —
食譜出自

艾瑞克·帕 ÉRIC PRAS, MAISON LAMELOISE *** (夏尼 CHAGNY)

BROCHETTES DE RÂBLE DE LIÈVRE ET ABRICOTS, LIÈVRE À LA ROYALE DE CUISSE ET CÉLERI-RAVE

杏桃野兔背肉串燒、酒蔥野兔腿佐塊根芹

INGRÉDIENTS 材料
新鮮野兔的身體前半
（avant de lièvre frais）750克
野兔脊肉2塊（約1.4公斤）
橄欖油100克
紅花百里香¼小束
新鮮百里香¼小束
肥鴨肝60克

marinade cuite 熟醃材料
胡蘿蔔250克
西洋芹100克
紅蔥頭200克
大蒜50克
紅酒（syrah品種）1公升
新鮮百里香¼小束
月桂葉1片
平葉巴西利1小束
丁香和胡椒粒

sauce civet 紅酒醬
稠化小牛高湯（見36頁）2公升
肥豬肉（lard gras）200克
野兔的骨頭
醃漬材料
野兔血（Sang du lièvre）
馬鈴薯澱粉（fécule）30克
波特紅酒100克
黑巧克力豆

garniture de brochettes 串燒配菜
杏桃乾300克
水1公升
肉桂
八角茴香（Badiane）
番紅花
四川花椒
丁香2顆

deuxième garniture 第2道配菜
麵粉1公斤（用於製作鹽味麵皮）
細鹽100克（用於製作鹽味麵皮）
塊根芹2公斤
檸檬100克
橄欖油100克
水1公升
牛乳1公升
奶油150克

USTENSILES 用具
串燒用竹籤
果汁機
漏斗型網篩
圓形壓模

2天前

1, 野兔的處理：將野兔去皮，或更好的選擇是直接購買已經去皮的野兔。將心、肺和血保存在干邑白蘭地中（材料表外），將身體前半切塊，如同製作紅酒燉肉（civet）。將脊肉去骨並處理好，以少許橄欖油和一些紅花百里香醃漬。

2, 熟醃材料：將所有蔬菜切成骰子塊，用橄欖油或肥肉炒至出汁，倒入酒，連同香料（百里香、月桂葉、平葉巴西利、丁香、胡椒）一起煮沸，然後立即放涼。醃漬材料一冷卻，就將野兔肉連同脊骨一起放入，並冷藏保存。

前一天

1, 開始煮野兔：將野兔肉、醃漬材料的蔬菜和骨頭瀝乾，接著在燉鍋中將肉塊煎至上色。將肉塊保存在盤中，接著在同一個燉鍋中，放入醃漬材料的蔬菜與骨頭，將骨頭煎至上色。

2, 再將野兔肉放回燉鍋，倒入小牛高湯和醃漬材料中的酒（預先用漏斗型網篩過濾，以去除雜質）煮沸，以小火慢燉4小時，接著在醬汁中放涼。

3, 串燒配菜：將杏桃、水、香料放入燉鍋中，煮沸，接著關火放涼。

品嚐當天

1, 將紅酒燉野兔加熱，用打蛋器將肥鴨肝混入醬汁中進行稠化。

2, 將野兔脊肉切成約20克的小塊，接著每根竹籤串上4塊的生脊肉塊和3塊杏桃。預留備用。

3, 用電動攪拌器將醃漬在干邑白蘭地中的心、肺和血打碎，並用漏斗型網篩過濾，以收集血的部分。

4, 將紅酒燉肉塊瀝乾並去骨。過濾醬汁，如有需要可加以濃縮，並用野兔血稠化，預先摻入馬鈴薯澱粉和波特酒，並用打蛋器混入。最後用打蛋器混入幾顆黑巧克力豆。倒入一部分醬汁和鬆開的肉，在烤箱中以60-65℃（熱度2）的溫度保溫。

5▸ 製作第2道配菜：混合麵粉、鹽和一些水，製作鹽味麵皮。用麵皮將塊根芹包起，入烤箱以180℃（熱度6）烤2小時。

6▸ 從烤箱中取出，剝掉硬皮。

7▸ 將塊根芹切半，並收集果肉。用果汁機與其他配菜材料一起打成泥，並混入奶油。

8▸ 最後完成：在平底煎鍋（或鐵板）中，用一些油煎肉串，務必要讓肉保持半熟狀態，接著用壓模將鬆開的肉擺在餐盤中，接著擺上兔肉串燒、一匙塊根芹泥，最後在周圍淋上一些醬汁。

RÂBLE DE LIÈVRE, CROÛTE ÉCARLATE DE CHORIZO, CÉLERI EN DEUX FAÇONS, JUS « O TINTO »

臘腸酥皮野兔佐雙芹登多紅酒醬

6人份
準備時間：1小時
烹調時間：1小時

INGRÉDIENTS 材料
塊根芹 600 克
西洋芹 50 克
奶油 50 克
檸檬
鹽、胡椒

lièvre et la sauce 野兔與醬汁
約 600 克的野兔脊肉 2 塊
野兔的前半身體 400 克
橄欖油 50 毫升
生鴨肝 50 克

garnitures 配菜
胡蘿蔔 100 克
灰紅蔥頭（échalote grise）100 克

香料束（百里香、月桂葉）
登多紅酒（vin rouge tinto）1 公升
波特酒 200 毫升
馬鈴薯澱粉 10 克
野兔血或豬血 80 毫升
黑巧克力（盡量選用不甜的）50 克

croûte de chorizo 臘腸麵包丁
臘腸（chorizo）30 克
吐司 30 克
奶油 30 克

USTENSILES 用具
圓形壓模
壓力鍋（autocuiseur）
漏斗型網篩
切碎機（Hachoir）

404

1▸ 塊根芹的準備：用圓形壓模將塊根芹切成圓柱狀（直徑5公分，高5公分）。

2▸ 將內部挖空（在擺盤時用來擺放酒燜野兔的碎肉），然後和奶油、水、檸檬汁、鹽和胡椒一起進行燜煮（在煎炒鍋中加蓋燉煮）。將西洋芹的葉片摘下，預留備用。

3▸ 野兔和醬汁：從野兔脊肉中取下「砲管」狀的里脊肉（去掉中間的骨頭），並用脊骨和前半身的骨頭製作高湯。將野兔的「砲管」，或者說脊肉上的里脊肉保存在一些橄欖油中。將鴨肝切成0.5公分的條狀，調味，並冷凍至變硬（保留肥肝碎屑，準備用於製作酒蔥兔肉鬆，見步驟6）。將1片鴨肝片塞入兔里脊中。用烤箱將骨頭烤至上色（不放油脂），加入調味蔬菜（胡蘿蔔和灰紅蔥頭）、香料束，一起炒至出汁，倒入登多紅酒和波特酒。倒入壓力鍋中，用登多紅酒淹過，加壓煮30分鐘。用漏斗型網篩過濾醬汁，接著將醬汁濃縮至更濃稠（在最後一刻再進行稠化）。預留備用。

4▸ 製作chouriça（葡萄牙臘腸）麵包片：用切碎機或電動攪拌器將臘腸、一部分的吐司和奶油切碎，將這些材料攪拌均勻。

5▸ 夾在二張烤盤紙之間，擀成2公釐的厚度，然後冷凍。

6▸ 收集兔肉和骨頭，將肉鬆開並預留備用。用剩餘的波特酒將澱粉攪散，接著加入血，並混入預留的醬汁中，短暫地煮沸（見步驟3）。在上菜前混入黑巧克力，並一邊攪打（醬汁必須能附著於匙背上）。保留一部分的醬汁，其餘加入兔肉鬆中，接著加入預留的肥肝碎屑。

7▸ 開始進行脊肉的烹煮：用油煎脊肉的每一面（務必要保持半生狀態），並調味。將塊根芹擺在盤中，將烹煮醬汁濃縮，並用來為塊根芹增加光亮。烘烤一部分的紅色麵包片，然後磨成麵包粉。將麵包粉在平底煎鍋中用一點油烘烤。

8▸ 擺盤：將冷凍的臘腸麵包片切成條狀，擺在脊肉上，最後再放至烤箱的烤架下烘烤。

9▸ 將兔肉鬆裝在塊根芹中。

10▸ 擺上鑲有兔肉的塊根芹，刷上濃縮後的醬汁增加光亮，並稍微淋上一些醬汁。在餐盤的裝飾方面，撒上少許麵包粉並擺上烤好的野兔。最後再加上幾片西洋芹的葉片。

6人份
準備時間：3小時
烹調時間：2小時

INGRÉDIENTS 材料

野兔前胸（coffres avant de lièvre）6塊
隆河丘紅酒（côtes-du-rhône rouge）
1瓶
切成圓片的幼嫩胡蘿蔔150克
切成圓片的灰紅蔥頭150克
切成薄片的韭蔥150克
百里香
月桂葉
煙燻培根（poitrine fumée）75克
花生油50毫升
奶油90克
切丁的巴黎蘑菇90克
麵粉1大匙
豬血（sang de porc）70毫升
酒醋1大匙
越橘70克

ravioles de chanterelles 雞油蕈餃
雞油蕈（chanterelle grise）300克
奶油30克
鮮奶油60毫升
麵團（pâte à nouilles）300克
軟化的吉力丁2片
鹽、胡椒粉

échalotes grises 灰紅蔥頭
灰紅蔥頭9顆
粗鹽200克

pommes confites 糖漬蘋果
后中之后蘋果（pomme reine de
reinette）3顆
奶油70克
紅糖（sucre roux）30克
四香粉（quatre-épices）1撮
肉桂粉（cannelle cassia）1撮

USTENSILES 用具
小方盤（Petite plaque）
圓形和方形的壓模

CUISSES DE LEVREAU EN CIVET À L'ÉCHALOTE GRISE, POMME REINETTE CONFITE, RAVIOLES AUX CHANTERELLES
紅酒小兔腿佐灰蔥、糖漬蘋果、雞油蕈餃

艾瑞克・布里法（Eric Briffard），巴黎斐杭狄導師會議成員，1994年MOF法國最佳職人。

艾瑞克・布里法是位熱愛挑戰的人。在各項競賽中獲獎無數，他的經歷令人印象深刻。一路走來曾和一些最偉大的主廚交手，並因此成長。嚴格、充滿熱情的他，心中只有一個想法：拿出自己的最佳表現、尊重食材，並依循季節而行。

醃漬：將兔腿肩肉與胸部分開，預留備用。將野兔的胸部切塊，用紅酒、切好的蔬菜（胡蘿蔔、紅蔥頭、韭蔥）、百里香、月桂葉和煙燻培根醃漬3小時。

香味配菜的烹煮：仔細瀝乾，保留醃漬材料。在燉鍋中加熱油和奶油，將肩肉和切塊的肉煎至上色，從鍋中取出，接著將調味蔬菜和巴黎蘑菇加入炒15分鐘至上色。

肉的烹煮：撒上麵粉，一邊用木匙攪拌，讓麵粉煮熟，倒入醃漬材料。加入肩肉和切塊的肉，放入140℃（熱度4-5）的烤箱，加蓋慢煮1小時30分鐘。傾析（瀝乾）兔肉，在平底深鍋中過濾烹煮湯汁，並將湯汁收乾1/3。

醬汁：在碗中混合血、醋和越橘，加進平底深鍋中，以小火煮至濃稠（但不要煮沸）。過濾醬汁，調整調味並預留備用。

雞油蕈餃：將雞油蕈去皮並清洗，放入平底煎鍋中油煎，仔細調味，加入鮮奶油、泡軟擠乾的吉力丁，離火後倒入2公分高的小方盤中。在陰涼處放至凝固，接著以壓模裁切成為內餡。將麵皮擀平，包入內餡製成義麵餃（見634頁技巧），切割。在大量加鹽沸水中煮3分鐘。

灰紅蔥頭的準備：將紅蔥頭擺在粗鹽上，入烤箱以150℃（熱度5）烤20分鐘。從烤箱中取出，從長邊切半，接著加入一些鹽之花。

糖漬蘋果：將蘋果削皮並挖去果核。切成邊長2×2公分的丁狀，在平底煎鍋中用奶油煎至金黃色，接著加入糖、肉桂和四香粉。繼續煎至形成漂亮的焦糖金黃色。以方形壓模塑形，預留備用。

擺盤與最後完成：在每個盤中擺上2塊熱的兔肩肉，淋上醬汁。擺上雞油蕈餃、灰紅蔥頭和糖漬蘋果丁。搭配以醬汁杯裝的醬汁上菜。

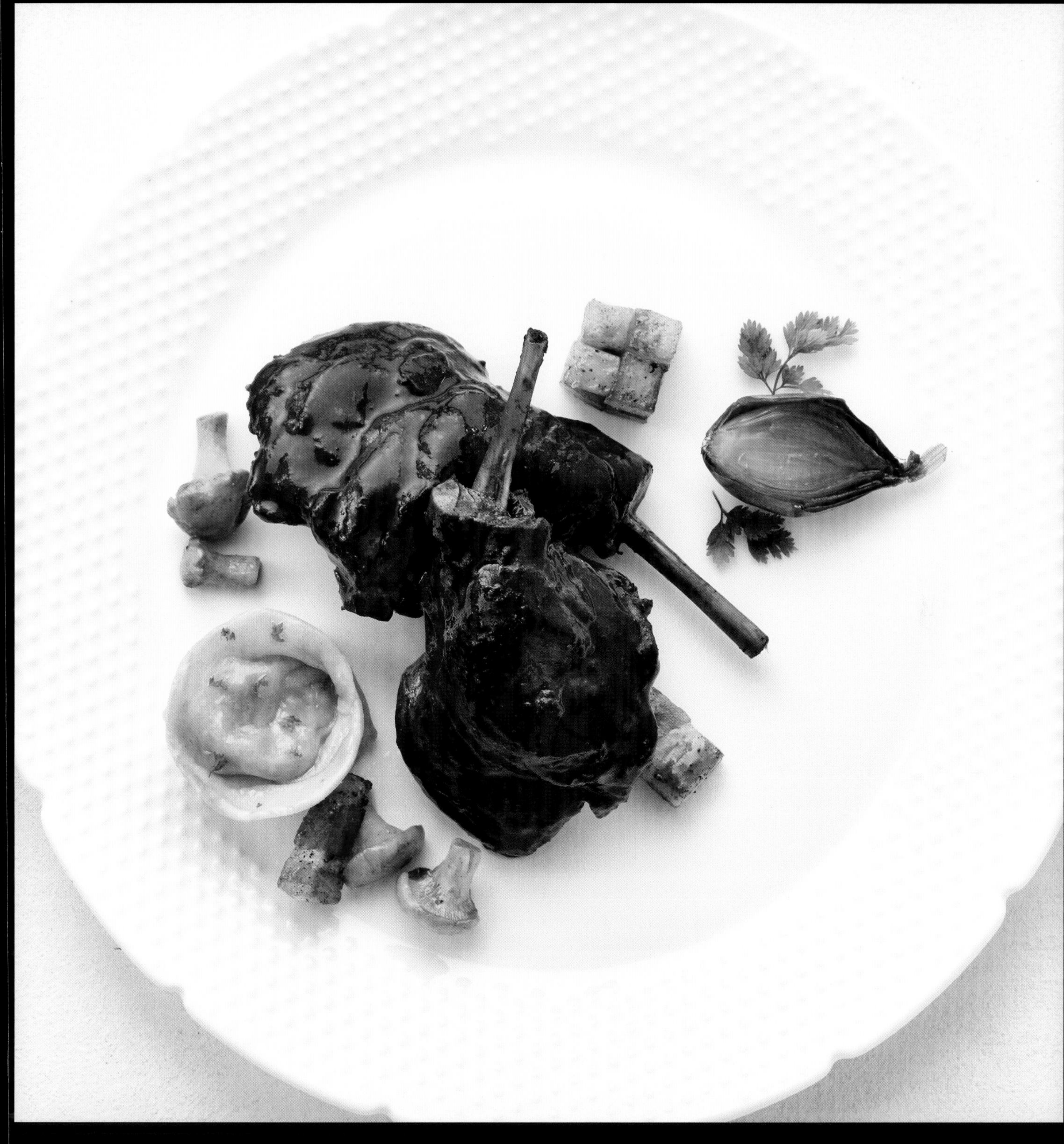

— *Recette* —

食譜出自

艾瑞克·布里法 ÉRIC BRIFFARD

CHARTREUSE DE FAISAN

夏翠絲雉雞派

6人份
準備時間：2小時15分鐘
烹調時間：1小時15分鐘

INGRÉDIENTS 材料
生香腸（saucisse à cuire）200克
雉雞（poule faisane）1隻

farce fine de volaille 家禽碎肉餡
家禽胸肉（blanc de volaille）1塊
液狀鮮奶油100毫升
蛋白½個
鹽和胡椒粉

jus de roti 烤肉汁
雉雞骨（Carcasse de la poule faisane）
紅蔥頭150克
油
奶油

chemisage de la chartreuse 夏翠絲派皮
羽衣甘藍（chou frisé）1顆（綠葉）
軟化的奶油100克
碎肉餡

embeurrée de chou 奶油甘藍
整顆羽衣甘藍
（Le coeur du chou frisé）
甜洋蔥100克
煙燻培根100克
花生油100毫升
奶油100克

légumes de finition 最後完成的蔬菜
豌豆300克
羅馬花椰菜（chou romanesco）200克
胡蘿蔔2根
蕪菁3顆
奶油100克
糖
家禽基本高湯（或水）
鹽

USTENSILES 用具
夏洛特蛋糕模
裝有擠花嘴的擠花袋
料理刷

1 ▸ 將香腸放入一鍋冷水中燙煮，從微滾開始計時15分鐘。瀝乾，去皮，接著將香腸切成略厚的圓形薄片，預留備用。

2 ▸ 將胸肉和調味料一起用電動攪拌器打成泥。倒入冰涼的鮮奶油，接著是蛋白。用網篩過濾後放入擠花袋預留備用。

3 ▸ 雉雞的處理：將雉雞的身體拉直、燄燒（flamber）、修整、將內臟掏空，並用繩子綁起（見338頁至347頁的技巧），或請您的肉販代爲處理。

4 ▸ 「略爲加熱vert cuit」雉雞：爲雉雞調味，接著在燉鍋或平底煎鍋中將每面煎至上色。放入預熱至210℃（熱度7）的烤箱中烤15分鐘：外皮應烤至上色，但內部仍保持粉紅色。將雉雞從烤箱中取出，放入盤中，將雉雞鬆綁（去掉繩子），然後切成4塊。將脊肉取下，爲大腿和腿翅去骨，接著將肉切成12小塊。將骨架切成小塊，以製作烤肉原汁並預留備用。

5 ▸ 烤肉原汁：在燉鍋中將切小的骨頭煎成焦糖色，加入切成骰子塊的紅蔥頭，炒至上色，接著用水淹過，煮至微滾，續煮40分鐘。

6 ▸ 製作奶油甘藍：去掉羽衣甘藍外層幾片葉子的粗葉脈（中央厚的部分），然後放入沸水中以大火燙煮（約5分鐘）：一開始先燙綠葉，後來再燙黃葉。放入大量的冰水中以中止烹煮。仔細瀝乾，將黃葉切成長條狀（薄片）並預留備用。將甜洋蔥和煙燻培根切成薄片，接著以奶油炒至出汁，加入切成長條狀的羽衣甘藍葉，進行煨煮（以小火加蓋燉煮）。

7 ▸ 最後完成蔬菜：將豌豆去殼，取下羅馬花椰菜頂端的花球（尖尖的小花束），將二種蔬菜分別進行英式汆燙（加鹽沸水）。一煮熟立刻將蔬菜冰鎮（快速浸入冰水），接著瀝乾並預留備用。將胡蘿蔔和蕪菁削皮，斜切，接著分開各別進行不上色亮面煮 glaçage à blanc（幾小塊奶油、1撮糖和家禽基本高湯或水，加蓋煮至濃縮）。

8 ▸ 夏翠絲派的組裝：爲夏洛特蛋糕模塗上大量的奶油，在底部和內壁鋪上烤盤紙，然後再塗上軟化的奶油。爲整個模型（底部和內壁）鋪上綠色的羽衣甘藍葉。

9 ▸ 擠上一層碎肉餡。

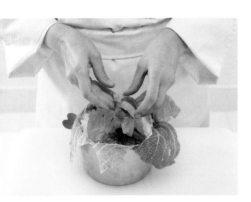

10 接連鋪上一層奶油甘藍和幾片雉雞肉。

11 加入幾片香腸，接著再鋪上奶油甘藍等。

12 最後鋪上一層碎肉餡，蓋上甘藍菜葉，再蓋上鋁箔紙，在預熱至170℃（熱度5-6）的烤箱裡隔水加熱約35分鐘。

13 擺盤：在餐盤上為夏翠絲派脫模，上光（用刷子刷上融化的奶油），切成適當大小盛盤，擺上羅馬花椰菜的花球和預先以起泡奶油加熱的豌豆，接著放上亮面煮的胡蘿蔔和蕪菁。搭配用醬汁杯裝的烤肉汁上菜。

✳✳

6人份
準備時間：2小時45分鐘
烹調時間：1小時05分鐘

INGRÉDIENTS 材料
莫爾托香腸（saucisse de Morteau）1條
雉雞 1隻
生肥肝 400克

jus de faisan 雉雞原汁
雉雞的骨頭和修切下的肉塊（頸部、
腳、翅膀）
油
奶油
洋蔥 100克

embeurrée de chou 奶油甘藍
整顆羽衣甘藍
莫爾托香腸碎屑
甜洋蔥 100克
奶油 80克

chemisage de la chartreuse
夏翠絲派皮
大型胡蘿蔔 800克
羽衣甘藍（chou frisé）1顆（綠葉）
軟化的奶油 50克
碎肉餡

égumes de garniture 配菜用蔬菜
豌豆 500克
迷你韭蔥 1小束
迷你胡蘿蔔 1小束
香葉芹根（cerfeuil tubéreux）300克
奶油 100克
糖 1撮
40克的松露 1顆
鹽

farce fine de volaille 家禽碎肉餡
家禽胸肉 1塊
液狀鮮奶油 100毫升
蛋白 ½ 個
松露碎屑
鹽、胡椒粉

USTENSILES 用具
火腿切片機
夏洛特蛋糕模
刨切器
小型圓形壓模
（1枚法國20生丁centimes硬幣的大小）
裝有平口擠花嘴的擠花袋
橡皮刮刀
電動攪拌器

CHARTREUSE DE FAISAN, FOIE GRAS ET TRUFFE, LÉGUMES DU MOMENT

夏翠絲松露肥肝雉雞派佐時蔬

1▸ 莫爾托香腸瓦片：將莫爾托香腸放入大量冷水中燉煮，微滾後開始計時烹煮15分鐘。將香腸瀝乾，去皮並修整成平面，然後用火腿切片機（或鋒利的刀）從長邊切成6片薄片。

2▸ 將香腸片擺在烤盤紙上，再蓋上第二張烤盤紙，接著夾在二個烤盤中，放入預熱至110℃（熱度4）的烤箱裡烘乾。擺在吸水紙上，預留備用。將香腸切下的碎屑切成小丁預留備用，來製作奶油甘藍。

3▸ 雉雞的處理：將雉雞拉直、燄燒（flamber）、修整、將內臟掏空，並用繩子綁起（見338頁至347頁的技巧）。

4▸「略為加熱vert cuit」雉雞：為雉雞調味，在燉鍋或平底煎鍋中將每面煎至上色，接著放入預熱至210℃（熱度7）的烤箱中烤12分鐘（外皮應烤至上色，但內部還是生的）。

5▸ 放入盤中，將雉雞鬆綁（去掉繩子），然後切成4塊。將脊肉取下，為大腿和腿翅去骨，接著切成12片小薄片。將骨架和骨頭切成小塊，以製作雉雞原汁。

6▸ 雉雞原汁：在燉鍋中，用一些油脂將骨頭煎成焦糖色，加入洋蔥，煎至上色，接著用水淹過，加蓋煮至微滾（小火）40分鐘。

7▸ 製作奶油甘藍：見408頁步驟6。將甜洋蔥切成薄片，接著在無鹽奶油中，和莫爾托香腸小丁一起炒至出汁，加入切成條狀的甘藍菜，進行燜煮（加蓋以小火燉煮）。

8▸ 外皮：將胡蘿蔔削皮，接著用刨切器切成長帶狀，並以英式汆燙煮至彈牙（al dente）（在加鹽沸水中燉煮，並保留清脆口感）。浸入一盆冰水中冰鎮，仔細瀝乾，接著將胡蘿蔔和羽衣甘藍切成同樣大小的三角形。用小型圓形壓模將剩餘的帶狀胡蘿蔔裁成圓形薄片，預留備用。

9▸ 配菜蔬菜：將豌豆去殼，修整（洗淨並去皮），迷你韭蔥和迷你胡蘿蔔，分開進行英式汆燙（加鹽沸水），然後放入一盆冰水中冰鎮，瀝乾並預留備用。將香葉芹塊莖洗淨，進行不上色亮面煮（用1撮糖、鹽、奶油和水作為湯底，煮至完全濃縮）。用刨切器將松露切成薄片，保留碎屑作為製作碎肉餡用。

10▸ 製作家禽碎肉餡：用電動攪拌器攪打肉餡的所有材料，接著加入松露碎屑，放入擠花袋中備用。

11▸ 肥肝的準備：將肥肝切成1.5公分的片狀，調味，接著在熱的平底煎鍋中，不放油脂，將肥肝的二面煎至上色。擺在網架上。

12▸ 夏翠絲派的組裝：為夏洛特蛋糕模塗上大量的奶油，鋪上烤盤紙（底部和內壁），並再度塗上軟化的奶油。在模型底部用胡蘿蔔片排成圓花狀，並將三角形的羽衣甘藍和胡蘿蔔鋪在邊緣。

13▸ 用裝有擠花嘴的擠花袋和橡皮刮刀在模型底部和內壁鋪上松露碎肉餡，接著依序鋪上一層奶油甘藍、幾塊雉雞肉、煎肥肝片、松露薄片，接著再重新此順序一直鋪至頂端。最後再鋪上一層碎肉餡，並蓋上一片甘藍菜葉。在預熱至170℃（熱度6）的烤箱中隔水加熱25分鐘。靜置15分鐘後脫模。

14▸ 擺盤：在餐盤上為夏翠絲派脫模，用刷子刷上融化的奶油以增加光澤，接著在夏翠絲派周圍擺上亮面煮的迷你蔬菜（預先以加熱至起泡的奶油加熱），並在夏翠絲派表面擺上莫爾托香腸瓦片。搭配以醬汁杯裝的原汁上菜。

6人份
準備時間：2小時30分鐘
烹調時間：4小時15分鐘
靜置時間：1日

INGRÉDIENTS 材料

紅標半熟鴨肥肝200克
（切成1公分的片狀）
刨成碎末的黑松露50克
抱子甘藍（choux de Bruxelles）3顆

pâte à foncer 襯底麵皮
麵粉150克・奶油75克
蛋黃2個・鹽1撮

mêlée 雜燴
去骨野生幼雉2隻
鹽漬家禽肝50克
陳年乾火腿50克
預先煮好的小牛胸腺100克
農場熟豬五花75克
燙過並冰鎮的豬頸肉75克
熟豬腳凍½隻
糖漬有機檸檬½顆
切碎紅蔥頭50克
波特酒50毫升
全蛋1顆
白麵包粉20克
磨碎的綠豆蔻1顆
鹽15克
黑胡椒4克
肉豆蔻粉¼根
雅馬邑白蘭地（armagnac）50毫升
燙過並冰鎮的綠開心果20克

fumet 高湯
雉雞骨
橄欖油50毫升
塞拉諾陳年火腿50克
紅蔥頭50克
胡蘿蔔50克
雪莉酒醋150毫升
水

crumble noisettes 榛果酥
奶油50克
榛果粉（poudre de noisettes）50克
麵粉50克
糖50克
鹽1撮

chutney de poire 洋梨酸甜醬
威廉洋梨（poire william）1顆
芥茉籽（graines de moutarde）10克
香茉籽10克
糖50克
蘋果酒醋20克
鹽
咖哩粉1撮
小越橘20克

tapenade de truffe noire 松露黑橄欖醬
酸豆50克
磨碎的黑松露20克
橄欖油30克

PÂTÉ EN CROÛTE DE FAISAN FAÇON ROSSINI, CRUMBLE NOISETTES, TAPENADE DE TRUFFE, CHUTNEY POIRE

羅西尼風榛果酥雉雞肉凍派佐松露黑橄欖醬和洋梨酸甜醬

亞倫・杜都尼耶（Alain Dutournier），巴黎斐杭狄導師會議成員。

這名來自西南部的孩子致力於尊重食材、忠於原味，並保留它們最真實的樣貌。充滿熱忱的主廚亞倫・杜都尼耶，在供應傳統料理時只有一個想法：帶來幸福。

前一天，製作襯底麵皮：將襯底麵皮的所有材料全部一起攪打（如同製作油酥麵團 pâte brisée），直到形成均勻的麵團；稍微擀平，用保鮮膜包起，冷藏保存。

雜燴：將雉雞胸肉切成小丁，並將腿肉切碎。將家禽肝切小塊，將火腿和小牛胸腺切成小丁。將豬五花、豬頸肉和豬腳切碎。取下檸檬皮並切成細碎。將紅蔥頭切成細碎，然後和波特酒一起燜煮（加蓋煮10幾分鐘）。為派餅模（moule à pâté）刷上奶油。和諧地混合雜燴的所有材料。將肥肝和碎松露等分成3份。接著將1/3的肥肝和碎松露鋪在模型底部。蓋上1/3的雜燴，鋪上第二層的肥肝和碎松露，與第二層1/3的雜燴，最後再蓋上1/3的肥肝和碎松露，加入剩餘的雜燴。接著以68℃進行低溫烹調，冰鎮並冷藏靜置。

高湯：將雉雞的骨架切小塊，將紅蔥頭和胡蘿蔔去皮，接著將胡蘿蔔、紅蔥頭和火腿切成小丁。在預熱至180℃（熱度6）的烤箱中，用橄欖油將骨架烤至上色。在肉充分上色時加入火腿丁，炒至出汁幾分鐘，接著加入蔬菜丁，再度炒至出汁。將烤盤裡的材料倒入燉鍋，倒入醋來溶解盤底進行去漬，全部倒入燉鍋，用水淹過，接著微滾煮2小時30分鐘。過濾高湯並預留備用。

松露黑橄欖醬：先將酸豆泡冰水10分鐘。將松露切碎，接著將酸豆搗碎。加入松露，並和橄欖油一起攪打（混入油，並繼續搗碎）。用廣口玻璃瓶保存在陰涼處。

洋梨酸甜醬：將洋梨削皮，切成小丁後擺在小型的平底深鍋中。加入芥茉籽和香茉籽、糖、醋、鹽，加入1撮的咖哩粉，以小火慢燉。在酸甜醬略呈糊狀而且醋蒸發時，加入越橘並預留備用。

隔天，派皮的烘烤：將低溫烹調的熟雜燴脫模，務必要收集所有的原汁和肉凍。將襯底麵皮擀成同陶罐大小的二張圓形麵皮。一張用來襯底，另一張用來覆蓋。在圓形陶罐底部塗上大量奶油，鋪上預先擀平的麵皮，並讓麵皮超出陶罐邊緣，鋪上預先煮好的雜燴，接著再用圓形餅皮封起，並將邊緣的麵皮折起。用刷子在上面刷上蛋黃漿（蛋黃加1小匙水）以增加光澤，在表面劃出鋸齒狀，並用刀在中央戳個小洞（氣孔），讓蒸氣可以在烹煮過程中散出。在預熱至180℃（熱度6）的烤箱中烘烤1小時15分鐘。將酥派從烤箱中取出，放涼後，將雪莉酒醋、雉雞骨高湯混合氣孔中預先所形成的原汁和肉凍而成的液狀肉凍倒入。將酥派冷藏靜置1日。

榛果酥：混合所有材料，鋪在裝有烤盤紙的烤盤上，以180℃（熱度6）烤20幾分鐘。酥頂必須烤成漂亮的金黃色。

抱子甘藍的準備：摘下抱子甘藍的葉片，燙煮葉片，接著立刻泡冰水冰鎮。

擺盤：將酥派切塊，將每塊酥派直立地擺在盤中，在旁邊擺上榛果酥（或照片中的榛果粒）、包有精緻上色洋梨酸甜醬的抱子甘藍葉和1小匙可口的松露黑橄欖醬。

— *Recette* —
食譜出自

亞倫・杜都尼耶 ALAIN DUTOURNIER, LE CARRÉ DES FEUILLANTS ** (巴黎 PARIS)

LES LÉGUMES

蔬菜

Les légumes
蔬菜

蔬菜的定義是可食用的蔬菜植物，而且依其種類，人們會食用種子、葉片、莖、果實或根的部分。這些蔬菜標示了料理生活的節奏，並隨著季節的變換，形成我們的菜單。等到蔬菜充分成熟的階段再食用極為重要。這時的蔬菜最美味，而且能帶來無與倫比的享受。

❋

Le printemps 春季

❋

綠、紫或白蘆筍等根莖類植物是春季來臨最早的徵兆。我們食用的蘆筍主要源自朗格多克-魯西永（Languedoc-Roussillon）、庇里牛斯山、佩爾蒂伊（Pertuis）、索洛涅（Sologne）和阿爾薩斯（Alsace）地區的沙地和溫和的氣候，尤其是白蘆筍。

***Les asperges*蘆筍**應選擇極新鮮的，即挺直，莖既不乾燥，纖維也不會太粗的蘆筍。為了能充分利用這春季的美麗產物，最久務必要在採收後的一週內食用。因此，保存蘆筍請勿超過3日，請用濕布包起，然後擺在冰箱的蔬果室裡。在商品架上請優先選擇中型大小的白蘆筍，綠蘆筍則選擇小的。烹煮前，將蘆筍莖的末端切去，接著用削皮刀去皮至距離蘆筍尖2公分處，將蘆筍尖向下地擺在工作檯上（以免弄斷）。接著將蘆筍束起，進行英式燙煮（加鹽沸水），並蓋上濕布。在蘆筍極為新鮮的情況下，您可以橄欖油為底來煮蘆筍尖，並蓋上烤盤紙。

Conseils des chefs
主廚建議

什麼也別扔，請利用修切下的碎屑來製作蒸蛋（royale）、高湯或濃湯。在用鮮奶油將碎屑煮熟後，立刻用電動攪拌器攪打，再用漏斗型濾器來過濾濃湯。

***Les légumes primeur*時令鮮蔬**（胡蘿蔔、蠶豆、蕪菁、洋蔥、豌豆和蘿蔔）必須在極為新鮮的狀態下購買，並立即料理。往往同一季節的蔬菜，可以一起烹煮，並製成美味的春季蔬菜燉鍋料理。

Conseils des chefs
主廚建議

越新鮮的蔬菜，在烹煮時越不需要加太多的水。以一些油脂，小火並蓋上烤盤紙的方式烹煮。請記得再度利用時令鮮蔬或幼嫩蔬菜的綠色部分：葉、梗、莖、莢。例如您可使用豌豆莢來製作維也納麵包粉（viennoise）：用豆莢、麵包和奶油製作，鋪在魚上，然後在烤架上烤一會兒後上菜。這些豆莢也能用來製作以薄荷葉提味的奶油醬。至於大頭蔥的蔥綠，可像細香蔥一樣切碎後加進維希濃湯（vichyssoise馬鈴薯韭蔥濃湯）中。

***Les févettes*小蠶豆**燙煮後去殼（去掉第1層皮），接著用奶油或橄欖油炒一會兒。
***Les épinards*菠菜的嫩苗**可搭配1瓣大蒜，用奶油炒，也可以用來為蔬菜凝塊（見62頁）上色。
***Le chou-fleur*白花椰**，請連葉片一起購買，葉片可確保延長蔬菜的鮮度，同時又能保護花球的完整，讓花朵緊密且潔白

無瑕。花椰菜可生吃（切片或分成小朵），或是在正好煮熟時吃。請記得使用菜梗來製作蔬菜泥。

Le brocoli綠花椰，以鹽水不加蓋烹煮，注意不要煮太久，以免發黃。若要製成泥，請在瀝乾後趁熱和奶油一起用電動攪拌器攪打。

Les navets蕪菁分爲3大家族：南特蕪菁（nantais）（典型的白紫色）、金球蕪菁（boule d'or）（黃色）和碧西球形蕪菁（boule de Bussy）（綠色）。新鮮的蕪菁必須結實、飽滿而且沉甸甸。若蕪菁吃起來很澀，那是因爲它在生長時缺乏水分。

南特蕪菁可用於製作燉菜，或是在幼嫩時作爲鴨肉的配菜；金球蕪菁可用刨切器切片後生吃，但也能油煎或製成泥；至於綠蕪菁，它是最甜的蕪菁，可爲您帶來最細緻的味道。如果您某天在蔬菜攤上發現了小蕪菁（naveline），這是阿爾薩斯用來製作酸白菜（choucroute）的一種捲心菜，刨碎後再進行鹽漬。

L'été 夏季

❋

L'ail大蒜分爲3種顏色，白色大蒜具有大鱗莖，可在7月至12月間發現，粉紅色大蒜是7月至3月，而紫大蒜則可於7月至12月取得。新蒜L'ail nouveau或稱青蒜（ail vert）象徵著5、6月季節的開始；具有細緻的香氣，而且非常適合用於蠶豆燉肉中。

La tomate番茄是夏季盛產的水果（蔬菜）。它屬於茄科家族，而且品種繁多，您可依個人口味選擇它們的顏色、味道，以及您希望的用途。例如羅馬番茄（roma）非常適合用來調配醬汁，而綠斑馬或克里梅黑番茄（noire de Crimée）則是完美的沙拉。調味只需用油和醋即可（不需要芥末！）。先撒上鹽之花，接著是醋、油，最後再用胡椒研磨罐撒上1至2圈的胡椒，並加入幾片羅勒葉。

L'aubergine茄子在法國市面上有各種不同的大小和顏色（小手指little finger：成串生長的細長小茄子；羅薩碧昂卡rosa bianca：古老的義大利品種，淡粉紅和紫色並夾雜白色，味道甜美；路易斯安那長青Louisiana long green：大型的綠色或黑色的美麗果實、橢圓形的大型深紫色果實）。西西里的茄子可整顆進行烘烤，接著用重物壓去水分。冷卻後刷上味噌醬，再入烤箱烘烤，並切片。

*Les poivrons*甜椒和番茄一樣都屬於茄科，而且種類豐富多變：艾斯伯雷紅椒、卡宴紅椒粉、牛角椒（corne-de-bœufs）、朗德長甜椒（long des Landes）、艾斯伯雷甜椒（doux d'Espagne）等。在市場的貨架上經常可見到黃色、綠色、紅色或長型的甜椒。

Conseils des chefs
主廚建議

為了替甜椒輕鬆去皮，為果肉賦予獨特的味道，
請先用燄燒（flamber）或用噴槍炙燒甜椒的表皮，
接著放入沙拉攪拌盆中並用保鮮膜封起。
去皮後一併去掉蒂頭和籽，接著就可以為甜椒塞餡，
或是就這樣浸泡在油中保存。

---

*La courgette*櫛瓜，屬於葫蘆科的大家族，亦呈現出多種樣貌：肉質細緻的綠黑美人（verte black beauty），可在切片後搭配少量大蒜、一些大頭蔥，在平底煎鍋中用油快炒，務必要保留清脆的口感。黃色的淘金熱（gold rush），肉質柔軟綿密，最好選擇體型小的。尼斯的圓櫛瓜（ronde de Nice）在傳統上則是用來塞餡的櫛瓜。櫛瓜花本身也可以用來塞餡，或是油炸食用。無論如何，請非常細心地保存櫛瓜皮，並請選擇有光澤且結實的品種。

*Les échalotes*紅蔥頭分為三種（圓形、長形和半長形）和二類（灰色和粉紅色）。它的品種繁多：傑摩（jermor）、朗格（longor）、布魯摩（ploumor）、戴瓦（delvad）、洪戴琳（rondeline）、雅弗（arvro）等。灰色紅蔥頭最小，也最為美味，它也是白酒奶油醬（beurre blanc）、貝亞恩斯醬（la béarnaise）或法式紅酒醬（la sauce marchand de vin）的成分之一。雞腿紅蔥頭（L'échalote cuisse de poulet）可用來為高湯或魚高湯調味或增添香氣。

*Les oignons*洋蔥在法國的蔬果架上也是種類繁多。黃洋蔥（paille）是最常見的，它是日常生活中常使用的洋蔥，白洋蔥則用來為湯底、原汁調味，是料理的基底，很適合油炸、煮至剛好出汁，或用奶油加一點蜂蜜進行糖漬。紅洋蔥（oignon rouge）最好生食，因為它能提供大量的鮮味、清脆的口感，而且有一種比它的名字更細緻的味道。塞文山脈（Cévennes）的甜洋蔥是最細緻的洋蔥，非常適合製作糖煮（compoté）、果醬（confitures），或翻轉洋蔥塔（tarte Tatin）。
羅斯科粉紅洋蔥（oignon de Roscoff）的特色在於它經典的果香，可生食或熟食，最適合用來製作洋蔥湯或烤番茄片（concassée de tomates）。
我們也發現新鮮洋蔥、蔥（cébette）和非常細緻的泰國蔥（cébette thaie），都很適合切片生食，而珍珠小洋蔥（les oignons grelots）則是專門用於不上色亮面煮（glaçage à blanc）、煮成焦糖，或是醃漬享用。

❁

L'automne et l'hiver 秋冬

❁

*L'endive*苦苣應盡量選擇白色、結實，尖端為淡黃色，絕對不能是綠色的。若您想去除它的苦味，請用削皮刀從根部挖去它的心，形成小的圓錐狀。為了變換樂趣，可選擇胭脂紅的紅苦苣，或是用來製作翻轉塔的迷你苦苣。

*Le céleri boule*塊根芹，應選擇結實、沉甸甸，而且飽滿的球莖。以水果刀削皮後，請記得保存在檸檬水中，以免變黑。生食時可搭配雷莫拉醬（rémoulade在美乃滋中加入切碎的酸黃瓜、酸豆、黃芥末以及香草類所製作而成）品嚐，切成薄片（用刨切器或火腿切片機），也能製成獨特的蔬菜餃。熟食時，可以油煎、油炒、烘烤、鹽烤或製成泥。

*Le céleri branche*西洋芹可用來為高湯和湯底調味。在食用前，請先用削皮刀修去老莖。接著依個人喜好生食或熟食。生食時，切成薄片，可用來製作沙拉或泰式高湯；西洋芹的烹煮可採用英式汆燙（加鹽沸水anglaise）或不上色亮面煮（glaçage à blanc）。

Conseils des chefs
主廚建議

為西洋芹葉刷上油，擺在鋪有保鮮膜的盤子上，
再蓋上另一張保鮮膜；微波數秒後，
作為酥脆的蔬菜脆片品嚐。

Le poireau 韭蔥，屬於百合科，共有27個品種：盧昂（Rouen）短胖的韭蔥、卡朗唐（Carentan）或埃伯（Elbeuf）奇形怪狀的韭蔥、梅齊耶（Mézières）的長韭蔥、鉛筆形狀或迷你的韭蔥等，整棵的韭蔥都可以食用。較大的韭蔥需細心地清洗，以免泥土藏在葉片中：因此，請毫不猶豫地將韭蔥剖開，接著用流水從頭到腳地沖洗，以徹底洗淨。

Les courges 南瓜 屬於葫蘆科家族。形狀、顏色和大小都相當可觀，是秋季的代表性蔬菜。栗子南瓜—果皮和果肉為橘色—是市面上最常見的品種之一，它的果肉甜美，並因讓人同時聯想到南瓜和栗子而受人喜愛。它和家禽類烤肉是出色的搭配。普羅旺斯的多南瓜（courge musquée）特色在於多肉且多棱紋，果皮在綠光的反射下會呈現橘色。

埃唐普（Étampes）火紅色的南瓜（potiron）是最知名的品種之一，可削皮後放入烤箱，不加油脂地烘烤。

橢圓形的奶油南瓜（courge butternut）—米黃色的果皮，橘黃色的果肉—用水果刀削皮後，可切成小丁生吃、製作穀物燉飯，或是烤成舒芙蕾（soufflé）、焗烤或製成泥（不加水，加蓋以小火煮2小時，讓植物水蒸發）。

最後，值得一提的還有飛碟瓜（pâtisson）（容易塞餡），白色，又名為選帝侯的軟帽（Bonnet d'électeur）；它結實的果肉和淡淡的甜味令人聯想到朝鮮薊。

LES RACINES 根莖

Les betteraves 甜菜，因其多變的形狀和顏色，亦在法國料理中佔有一席之地。我們最熟知的傳統紅甜菜，即底特律的圓頭甜菜（ronde de Détroit），整顆進行烹煮，在還略硬時加以保存，亦可以刨切器裁切，以製作孔泰乳酪蔬菜餃（raviole potagère garnie de comté）。外觀起皺且長形的卡保汀甜菜（crapaudine）是最香甜的一種甜菜。果肉具紅白色螺旋紋的基奧賈甜菜（La tonda di Chioggia）可用刨切器切成薄片，然後搭配少量的橄欖油和一些鹽之花生食。圓形，果肉呈金黃色的伯金甜菜（burpee's golden），可搭配1枝百里香、1或2瓣的大蒜和一些橄欖油在預熱至180℃（熱度6）的烤箱中鹽烤，或以紙包烘烤。

La scorsonère 黑婆羅門參（洋牛蒡）屬於菊科家族，其名稱源自義大利文 scorzone，意為「黑毒蛇」。外黑內白的黑婆羅門參—長度較同一家族的婆羅門參（salsifis）更長—在架上因極細和土灰色的外形而非常容易辨識。它細緻甜美的白色果肉非常值得一嚐，必須先削皮，但這並不是一件輕鬆的事。

Le panais 歐防風，最多肉的根西（Guernesey）半長品種，外觀長而筆直；或是溫柔真誠（tender and true）品種，肩部寬，根可長達40公分，過去少有人知，味道近似馬鈴薯。它具有討人喜愛的氣味，香甜的味道在今日經常用於蔬菜泥和濃湯中，為人帶來幸福感。歐防風可搭配西班牙臘腸、切成小丁並和濃湯一起享用，或是搭配蜂蜜和芝麻的香氣，也可以像馬鈴薯一樣，製成炸馬鈴薯餅（pomme paillasson）。

Le topinambour 菊芋 具有細緻的朝鮮薊味道，以製成蔬菜泥的方式享用，可預先以牛乳和1片鼠尾草煮熟，以利消化，但也可以製成脆片或以油炒的方式食用。

Le crosne 甘露子，2至3克的小根莖，為自身上方生長至超過30公分的植物提供養分，請選擇結實不易折斷的，請用粗鹽和布搓洗乾淨。沖洗後先燙煮甘露子，然後再用奶油煎。

Le cerfeuil tubéreux 香葉芹球莖 是果肉白軟的珍貴根莖，可製成美味的料理。它淡淡的茴香味，可用來搭配如鮋魚等魚類、或小牛肉和家禽等肉類。用削皮刀削皮後，以牛乳燉煮，可製成蔬菜泥，或是單純以起泡的奶油煎。

LE BOUQUET GARNI 香料束

料理中不可或缺的材料，它和料理的成分有直接關係。最經典的組合包括百里香、月桂葉、平葉巴西利梗、1枝西洋芹和韭蔥的蔥綠。

— SAISONNALITÉ DES LÉGUMES —
蔬菜的季節性

	1月	2月	3月	4月	5月	6月	7月	8月	9月	10月	11月	12月
LES SALADES 沙拉												
LAITUE 萵苣	■	■	■	■	■	■	■	■	■	■	■	■
BATAVIA 荷蘭萵苣	■	■	■	■	■	■	■	■	■	■	■	■
ROMAINE 蘿蔓萵苣	■	■	■	■	■	■	■	■	■	■	■	■
FEUILLE DE CHÊNE 橡樹葉	■	■	■	■	■	■	■	■	■	■	■	■
LOLLA ROSSA 紅捲鬚生菜	■	■	■	■	■	■	■	■	■	■	■	■
FRISÉE 皺葉菊苣	■	■	■	■	■	■	■	■	■	■	■	■
SCAROLE 菊苣	■	■	■	■	■	■	■	■	■	■	■	■
TRÉVISE 紅葉甘藍	■	■	■						■	■	■	■
CRESSON 水芹		■	■						■	■	■	■
MÂCHE NANTAISE 南特野苣	■										■	■
PISSENLIT VERT 綠色蒲公英	■	■	■								■	■
PISSENLIT BLANC 白色蒲公英		■	■								■	■
BARBE DE CAPUCIN 菊苣	■	■									■	■
POUSSES D'ÉPINARD 菠菜苗	■	■	■								■	■
POURPIER 馬齒莧				■	■	■	■	■	■			
ROQUETTE 芝麻菜			■	■	■	■	■	■	■	■		
SUCRINE 迷你美生菜				■	■	■	■	■	■			
RIQUETTE 野生芝麻菜	■	■	■	■	■	■	■	■		■	■	■
TÉTRAGONE 番杏							■	■	■	■		
FICOÏDE GLACIALE 冰葉日中花			■	■	■	■	■	■	■	■		
LES CONDIMENTS 辛香料												
AIL Botte 成束大蒜				■								
AIL Blanc 白蒜						■	■	■	■	■	■	■
AIL Violet 紫皮蒜								■	■	■	■	■
AIL Rosé de Lautrec 洛特克粉紅蒜	■	■	■	■				■	■	■	■	■
AIL Rosé d'Auvergne 奧弗涅粉紅蒜	■	■	■	■				■	■	■	■	■
ÉCHALOTE Botte 成束紅蔥頭			■	■								
ÉCHALOTE Grise 灰紅蔥頭								■	■	■	■	■
ÉCHALOTE Jersey 澤西紅蔥頭	■	■	■	■				■	■	■	■	■
ÉCHALOTE Ronde 圓頭紅蔥頭	■	■	■	■	■	■	■	■	■	■	■	■
ÉCHALOTE Demi-longue de Bretagne 布列塔尼半長紅蔥頭	■	■	■	■	■	■	■	■	■	■	■	■
ÉCHALOTE Longue 長紅蔥頭	■	■	■	■	■	■	■	■	■	■	■	■
OIGNON Blanc en botte 成束白洋蔥	■	■	■	■	■	■	■	■	■		■	■
OIGNON Jaune 黃洋蔥	■	■	■	■	■	■	■	■	■	■	■	■
OIGNON Rouge 紅洋蔥	■	■	■	■	■	■	■	■	■	■	■	■
OIGNON Rosé de Roscoff 羅斯科粉紅洋蔥	■	■	■	■					■	■	■	■
PIMENT Rouge 紅辣椒							■	■	■	■		

	1月	2月	3月	4月	5月	6月	7月	8月	9月	10月	11月	12月
LES RACINES 根莖類												
CAROTTES Primeur 當季胡蘿蔔					■	■	■	■	■			
CAROTTES des sables de Créance 克昂思沙岸胡蘿蔔	■	■	■	■					■	■	■	■
CAROTTES des sables des Landes 朗德沙岸胡蘿蔔	■	■	■					■	■	■	■	■
NAVET Rond 圓頭蕪菁	■	■	■	■	■	■			■	■	■	■
NAVET Botte 成束蕪菁	■	■	■	■	■	■						
NAVET Long 白蘿蔔						■	■	■	■	■	■	■
NAVET Jaune (Boule d'or) 黃蕪菁（金球）	■	■							■	■	■	■
CÉLERI-RAVE 塊根芹	■	■	■	■	■				■	■	■	■
BETTERAVE 甜菜	■	■	■	■	■	■	■	■	■	■	■	■
RADIS Rose 粉紅蘿蔔			■	■	■	■	■					
RADIS Rond rouge 小圓紅蘿蔔				■	■	■	■	■				
RADIS Noir 黑皮蘿蔔	■	■	■						■	■	■	■
RADIS Long blanc 白長蘿蔔					■	■	■	■	■	■	■	
CROSNE 甘露子	■	■	■	■							■	■
TOPINAMBOUR 菊芋	■	■	■							■	■	■
PANAIS 歐防風	■	■	■							■	■	■
RAIFORT 辣根									■	■	■	■
SALSIFIS 婆羅門參 / SCORSONÈRE 黑婆羅門參	■	■	■								■	■
RUTABAGA 蕪菁甘藍	■	■	■							■	■	■
PERSIL RACINE 平葉巴西利根	■	■	■								■	■
CERFEUIL TUBEREUX 香葉芹球莖	■	■	■	■						■	■	■
LES LÉGUMES-FRUITS 蔬果												
AVOCAT Fuerte – Israël 佛也得酪梨—以色列											■	■
AVOCAT Fuerte – Afrique du Sud 佛也得酪梨—南非				■	■	■	■	■				
AVOCAT Hass – Israël 哈斯酪梨—以色列	■											
AVOCAT Hass – Espagne 哈斯酪梨—西班牙	■	■	■	■								■
AVOCAT Hass – Mexique 哈斯酪梨—墨西哥	■	■	■							■	■	■
AVOCAT Hass – Afrique du Sud 哈斯酪梨—南非				■	■	■	■	■	■			
TOMATE Ronde de Bretagne 布列塔尼圓番茄				■	■	■	■	■	■	■	■	
TOMATE Côtelée de Marmande 馬爾芒德稜紋番茄				■	■	■	■	■	■			
TOMATE Roma (olivette) 羅馬番茄（橢圓形）				■	■	■	■	■	■			
TOMATE Cerise cocktail 雞尾酒櫻桃番茄				■	■	■	■	■	■			
AUBERGINE 茄子						■	■	■	■			
CONCOMBRE 黃瓜				■	■	■	■	■	■	■		

	1月	2月	3月	4月	5月	6月	7月	8月	9月	10月	11月	12月
COURGETTE Ronde de Provence 普羅旺斯圓櫛瓜					■	■	■	■	■	■		
COURGETTE Longue 長櫛瓜					■	■	■	■	■	■		
POIVRON 甜椒						■	■	■	■			

LES PETITS LÉGUMES 迷你蔬菜

	1月	2月	3月	4月	5月	6月	7月	8月	9月	10月	11月	12月
CHOU DE BRUXELLES 抱子甘藍	■	■								■	■	■
ENDIVE 苦苣	■	■	■	■								
FENOUIL 球莖茴香											■	■
HARICOT À ÉCOSSER Coco de Paimpol 去殼豆的法式白豆								■	■			
HARICOT À ÉCOSSER Michelet 去殼豆米須雷長莢豆								■	■			
FÈVE 蠶豆					■	■	■					
HARICOT VERT Mangetout 豌豆莢				■	■	■	■	■	■			
HARICOT VERT Extra-fin 特細四季豆				■	■	■	■	■	■			
HARICOT VERT Beurre 黃金四季豆							■	■	■			
HARICOT VERT Plat 扁四季豆							■	■	■			
POIS GOURMAND 甜豆莢							■	■				
PETIT POIS 豌豆					■	■						
ÉPINARD 菠菜	■	■	■	■						■	■	■

LES LÉGUMES 蔬菜

	1月	2月	3月	4月	5月	6月	7月	8月	9月	10月	11月	12月
ARTICHAUT Camus de Bretagne 布列塔尼卡繆朝鮮薊						■	■	■	■	■		
ARTICHAUT Macau 瑪可朝鮮薊				■	■	■	■					
ARTICHAUT Poivrade 普羅旺斯紫朝鮮薊				■	■	■						
BROCOLI 綠花椰						■	■	■	■			
CHOU-FLEUR breton 布列塔尼花椰菜	■	■	■	■					■	■	■	■
CHOU Romanesco 羅馬花椰菜									■	■		
CHOU POMMÉ pointu 牛心甘藍			■	■	■							
CHOU Blanc 白甘藍	■	■	■							■	■	■
CHOU Rouge 紫甘藍	■	■	■							■	■	■
CHOU Vert 綠甘藍 (frisé 羽衣)	■	■	■							■	■	■
POIREAU 韭蔥	■	■	■	■							■	■
CARDON 刺菜薊	■	■	■							■	■	■
BLETTE 莙薘菜					■	■	■	■	■	■		
COURGE Butternut 奶油南瓜	■	■	■							■	■	■
COURGE SPAGHETTI 金絲瓜										■	■	■
CITROUILLE 南瓜	■	■								■	■	■

	1月	2月	3月	4月	5月	6月	7月	8月	9月	10月	11月	12月
PÂTISSON 飛碟瓜	●	●								●	●	●
POTIMARRON 栗子南瓜	●	●								●	●	●
GIRAUMON 頭巾南瓜	●	●								●	●	●
CÉLERI BRANCHE 西洋芹					●	●	●	●	●	●	●	●
ASPERGES Blanches 白蘆筍				●	●	●						
ASPERGES Violettes 紫蘆筍				●	●	●						
ASPERGES Vertes 綠蘆筍			●	●	●	●						
ASPERGES Sauvages 野生蘆筍			●	●								
LES HERBES 香草												
ACHE 野西洋芹					●	●						
ANETH 蒔蘿				●	●	●	●	●	●	●	●	
BASILIC 羅勒				●	●	●	●	●	●	●	●	
CERFEUIL 香葉芹				●	●	●	●	●	●	●	●	
CIBOULETTE 細香蔥				●	●	●	●	●	●	●	●	
CORIANDRE 香菜				●	●	●	●	●	●	●	●	
ESTRAGON 龍蒿				●	●	●	●	●	●	●	●	
LAURIER 月桂葉	●	●	●	●	●	●	●	●	●	●	●	●
LAVANDE 薰衣草					●	●	●					
LIVÈCHE 歐當歸				●	●		●	●	●	●		
MARJOLAINE 牛至				●	●	●	●	●	●	●		
MENTHE 薄荷				●	●	●	●	●	●	●		
ORIGAN 牛至				●	●	●	●	●	●	●		
OSEILLE 酸模				●	●	●	●	●	●	●		
PERSIL 平葉巴西利				●	●	●	●	●	●	●		
ROMARIN 迷迭香	●	●	●	●	●	●	●	●	●	●	●	●
SAUGE 鼠尾草	●	●	●	●	●	●	●	●	●	●	●	●
THYM 百里香	●	●	●	●	●	●	●	●	●	●	●	●
VERVEINE 馬鞭草					●	●	●	●	●	●	●	

LES LÉGUMES
Techniques
蔬菜技巧

Brunoise de carottes

胡 蘿 蔔 切 小 丁

❋

USTENSILES 用具
刨切器
鋒利的刀

· 1 ·

用刨切器將胡蘿蔔切成厚2至3公釐的薄片。

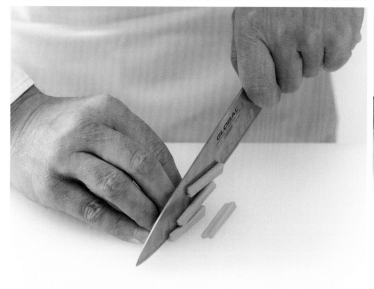

· 2 ·

將薄片切成厚2至3公釐的條狀julienne（小棍狀 bâtonnets）。

· 3 ·

將胡蘿蔔條切成2至3公釐的塊狀。

Paysanne de carottes

胡蘿蔔三角薄片

❋

USTENSILE 用具
鋒利的刀

· 1 ·

將胡蘿蔔切成7至8公分的小段，接著從長邊剖開成兩半。

· 2 ·

從長邊切成三角形。

· 3 ·

切成厚2公釐的薄片。

Julienne de carottes

胡蘿蔔切絲

❊

USTENSILES 用具
刨切器
鋒利的刀

• 1 •
用刨切器將胡蘿蔔段切成厚1公釐的薄片。

• 2 •
將薄片切成厚1公釐的絲。

Julienne de poireaux

韭蔥切絲

❋

USTENSILE 用具
鋒利的刀

· 1 ·
將韭蔥切成長5至6公分的段。

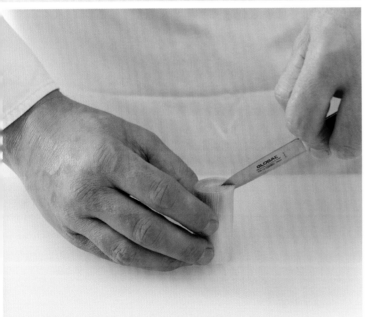

· 2 ·
將每段韭蔥的厚度切半。

· 3 ·
將半段韭蔥鋪平放在砧板上，切成厚1公釐的絲。

Matignon céleri-rave, carotte et oignon

塊根芹、胡蘿蔔和洋蔥切丁

❋

USTENSILE 用具
鋒利的刀

· 1 ·
將塊根芹切成厚4至5公釐的薄片。

· 3 ·
將蔬菜片切成厚4至5公釐的條狀。

· 2 ·

將切段的胡蘿蔔切成厚4至5公釐的薄片。

—— FOCUS 注意 ——

matignon
4至5公釐的丁狀，準備作為燉煮或煎炒
備料的調味蔬菜。
這種規則的切丁可確保蔬菜均勻的烹煮。

· 4 ·

將蔬菜條切成4至5公釐的丁。

Mirepoix
carotte et oignon

胡蘿蔔與洋蔥骰子塊

✳

USTENSILE 用具
鋒利的刀

• 1 •

修整洋蔥（去掉蒂頭）。

• 3 •

將洋蔥轉向，以同樣方式從長邊切塊。

· 2 ·

從洋蔥頂端開始切成扇形。

—— FOCUS 注意 ——

骰子塊（Mirepoix）是邊長 1.5 公分，
較大的蔬菜切塊。用來為家禽或
小牛高湯調味，但也能作為燉煮的配料。
此烹調準備法的名稱源自於勒維
密哈博爾公爵（Duc Lévis-Mirepoix）的
廚師而得名。

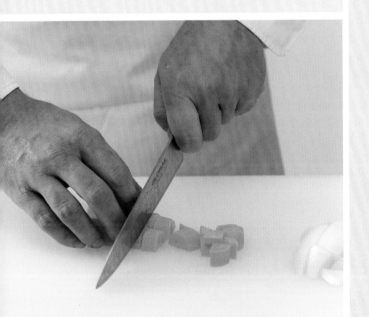

· 4 ·

將切成長段的胡蘿蔔縱切成兩半，接著將切半的胡蘿蔔
再縱向切半。最後切成寬 1.5 公分的塊狀三角形。大小
依所需的料理種類而定。

Jardinière de carottes

胡 蘿 蔔 切 條

❀

USTENSILES 用具
刨切器
鋒利的刀

• 1 •

將胡蘿蔔切成6公分的小段tronçons，接著用刨切
器將段狀的胡蘿蔔刨成7至8公釐的薄片。

• 2 •

將薄片切成邊長7至8公釐的小棍狀bâtonnets。

Jardinière de navet

蕪菁切條

USTENSILE 用具
鋒利的刀

• 1 •

將蕪菁切成長6公分的小段 tronçons。

• 2 •

將蕪菁裁成方形。

• 3 •

用刨切器將蕪菁刨成厚7至8公釐的薄片。

• 4 •

將薄片切成邊長7至8公釐的小棍狀 bâtonnets。

Sifflets de poireau

斜切韭蔥

✳

USTENSILE 用具
水果刀

• 1 •
以2至3公分的厚度,將韭蔥斜切。

• 2 •
斜切完成的蔥段。

Macédoine

蔬菜丁

❋

USTENSILE 用具
刀

· 1 ·

將蔬菜切成厚3至4公釐的小棍狀 bâtonnets。

· 2 ·

將小棍狀的蔬菜切成邊長3至4公釐的方塊狀 côté。

Rondelles cannelées de carotte

胡蘿蔔切花片

USTENSILES 用具
挖槽器（Canneleur）
刨切器

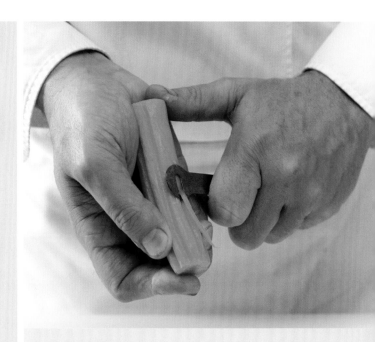

· 1 ·

用挖槽器（適當的刀）在整條胡蘿蔔上挖出規則的凹槽。

· 2 ·

用刨切器（或刀）將挖出凹槽的胡蘿蔔刨成花形薄片。

Billes de légumes

蔬菜球

❋

USTENSILE 用具

挖球器（Cuillère à racine）

· 1 ·

用挖球器，將預先削好皮的甜菜挖成符合食譜，或需要用途大小的球狀。

· 2 ·

用挖球器，將預先削好皮的馬鈴薯挖成符合食譜，或需要用途大小的球狀。

· 3 ·

小心地保留皮，用挖球器將櫛瓜挖成球狀（選擇想要的大小）。

439

Chiffonnade d'épinards

菠菜細切

USTENSILE 用具
鋒利的刀

• 1 •

將菜葉去梗，如有需要，也去掉較粗的葉脈，將菜葉仔細瀝乾。

• 3 •

將葉子捲起。

• 4 •

將捲起的葉子切成條狀。

· 2 ·
在清洗並瀝乾後，將數片葉子沿著長邊疊起。

── **FOCUS 注意** ──

細切經常應用在酸模（oseille），
但這種切法適合各種蔬菜。
細切蔬菜可生吃、作為濃湯的裝飾，
或是用加熱至起泡的奶油
（beurre mousseux）炒數秒至出汁，
作為配菜使用。

· 5 ·
菠菜細切完成，隨時可供烹調使用。

Tourner
les courgettes

轉 削 櫛 瓜

✳

USTENSILES 用具

鋒利的刀

鳥嘴刀

· 1 ·

將櫛瓜切成規則的段狀。

· 3 ·

準備好進行轉削的櫛瓜。

· 4 ·

用鳥嘴刀（或水果刀）將櫛瓜切成長橢圓形，用刀劃圓
弧形削邊（削去多一點的肉，少削一點皮），絕對要維
持每塊櫛瓜的規則性。

· 2 ·

依直徑大小而定，將櫛瓜段切成4或6塊。

· 5 ·

轉削好的櫛瓜，隨時可供烹調使用。

—— **FOCUS 注意** ——

轉削蔬菜的美不可否認，但這項技巧的
目的，除了菜餚最後呈現的美觀外，
也是為了讓配菜能夠均勻的烹煮。

Tourner les artichauts

轉削朝鮮薊

USTENSILES 用具

鳥嘴刀

切片刀

· 1 ·

將朝鮮薊牢牢固定在工作檯上，將莖迅速折斷，以去除纖維。

· 4 ·

用半顆檸檬爲修整好的底部塗上檸檬汁，以免變黑。

· 7 ·

修邊，讓底部形成完美的扁平狀圓形。

· 8 ·

將底部浸入檸檬水，以免變黑。

· 2 ·

用鳥嘴刀沿著圓形外廓將底部整平（去掉第一層的葉子和暗綠色的部分）。

· 3 ·

繼續沿著朝鮮薊的圓形外圍修整葉片。

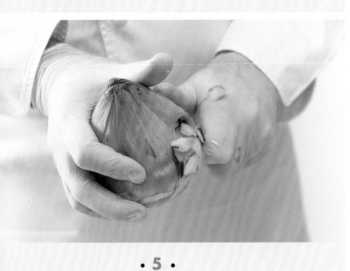

· 5 ·

繼續從朝鮮薊底部向上轉削葉片，以便完美地取出底部。

· 6 ·

握著頂端，用切片刀將底部切下。拆解好的底部。

· 9 ·

用挖球器將底部的絨毛挖去。

· 10 ·

轉削好的底部，隨時可供使用。

445

Tourner les artichauts poivrade

轉削普羅旺斯紫朝鮮薊

❋

USTENSILES 用具
削皮刀（或水果刀）
鳥嘴刀（Couteau à tourner）

· 1 ·

將梗切去，只保留8公分。

· 3 ·

用削皮刀或水果刀修整梗的部分，並一直修至底部。

· 5 ·

將底部的葉片削掉。

· 6 ·

用水果刀修整底部的表面。

· 2 ·

去掉第1層葉片。

· 4 ·

用鳥嘴刀（或水果刀）沿著底部的圓形外廓削去暗綠色的部分。

—— **FOCUS 注意** ——

幼嫩的普羅旺斯紫朝鮮薊具有細緻的
味道和軟嫩的質地。在季節的最初，
普羅旺斯紫朝鮮薊還沒長出絨毛時，
可以切片生吃。

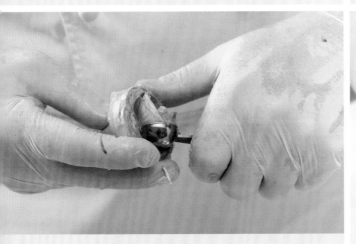

· 7 ·

用挖球器挖去朝鮮薊芯的絨毛。

· 8 ·

使用前先抹上檸檬汁，以免變黑。轉削好的底部，隨時可供使用。

Tourner les carottes

轉削胡蘿蔔

❋

USTENSILES 用具

水果刀
鳥嘴刀

· 1 ·

將胡蘿蔔切成約5公分的小段。

· 3 ·

用水果刀切成扁平且規則的長橢圓形。

2

將每段胡蘿蔔切成4塊。

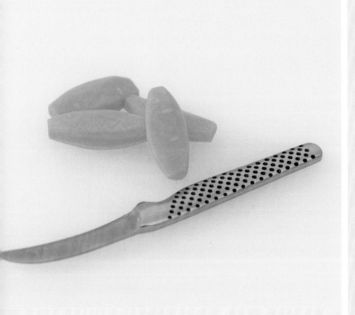

轉削好的胡蘿蔔,隨時可供使用。

FOCUS 注意

烏嘴刀在這項技巧中非常重要,
因為它圓弧形的刀身可輕易將蔬菜切成
圓形,但內切面也能進行規則的斜切。
為了能夠均勻地烹煮,請記得將所有的
胡蘿蔔都轉削成同樣大小。

Glacer des légumes

亮面煮蔬菜

✳

1人份

INGRÉDIENTS 材料
胡蘿蔔 100 克
奶油 50 克
鹽 1 撮
糖 10 克

USTENSILES 用具
烤盤紙
煎炒鍋

· 1 ·

在小型的平底煎炒鍋中放入所有蔬菜，注意不要讓蔬菜交疊，接著加入奶油、鹽和一點糖。

· 4 ·

幾分鐘後，去掉烤盤紙，然後繼續煮至存留的水分完全蒸發。

· 5 ·

在最後的蒸發階段，請用濕潤的刷子清潔煎炒鍋邊緣。

· 2 ·

用水淹過。

· 3 ·

煮沸，接著用裁成烹煮容器大小的烤盤紙（或稱為：濾紙）覆蓋，剪出小洞，讓烹煮的湯汁可以蒸發。

· 6 ·

在烹煮的液體幾乎完全蒸發時，晃動鍋子，用容器底部存留的油脂包覆胡蘿蔔，讓胡蘿蔔充滿光澤（或稱亮面glaçage）。

· 7 ·

覆以亮面的胡蘿蔔已經準備好可供品嚐。

Peler
les salsifis

婆羅門參削皮

USTENSILES 用具

手套

削皮刀

· 1 ·

將婆羅門參平放在工作檯上，固定一端，用削皮刀削去黑色的皮。

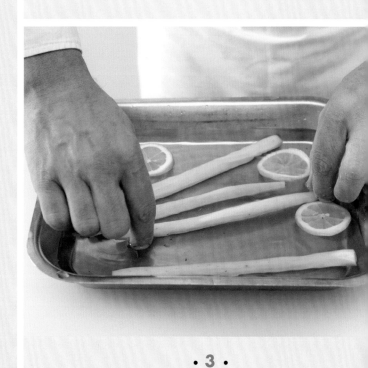

· 3 ·

將婆羅門參浸泡在檸檬水中。

再爲婆羅門參削皮一次，去除表層的淺白色薄膜。

在為婆羅門參削皮之前，
請先戴上手套。其黑色的皮對皮膚
具有很強的染色效果，而蔬菜裡所含的
淺白色汁液非常黏。您接著可選擇
白煮blanc（以加入麵粉的水來煮），
或是以小火慢燉。

・ 4 ・

如有需要，可依食譜或用途將婆羅門參斜切。

453

Préparer
les cucurbitacées

葫蘆科蔬菜的處理

❋

USTENSILE 用具

切片刀（Couteau éminceur）

· **1** ·

將南瓜切成兩半。

· **3** ·

用湯匙去籽去囊。

• 2 •

平放在工作檯上，用切片刀爲南瓜削皮。

• 4 •

切成厚片，接著依需求切骰子塊 dés、切塊 quartiers、
切小丁 brunoise 等。

—— **FOCUS** 注意 ——

記得將南瓜切半，接著切面朝下地
擺在工作檯上，會比較容易削皮。
請記得保存南瓜籽，經乾燥並略為烘烤後，
就成了開胃的可口零食。

Sommités de choux

花椰菜處理

✳

USTENSILE 用具
水果刀

• 1 •

用水果刀的刀尖將花朵（或稱花球）分開。

• 3 •

修整每個花球的梗。

• 4 •

將每個花球底部修成規則狀。

· 2 ·

用水果刀修整梗的部分。

—— **FOCUS 注意** ——

先去除保護花椰菜的葉子,接著將芯切下,
切至花球底部。將花球一一取下,
接著將花朵分開。您可搭配香草白乳酪
生食花朵部分作為開胃菜。

· 5 ·

修整花朵的梗,讓花朵的形狀一致。

LES CHAMPIGNONS
Techniques
菇類技巧

Les champignons
菇蕈

菇蕈至今仍是一種謎樣的存在。儘管有些品種現在已經可以人工栽種，而且全年生長，但菇蕈可說是大自然的贈禮。唯有憑藉著採集者的經驗、知識和耐心，才能找到它們並大飽口福。

菇蕈非花，非葉，也不是根；它屬於隱花類植物，可分為看得到的部分：我們食用的子實體（carpophore），以及看不到的部分：微白的軟絲網，也就是蕈絲體（mycélium）。

一年中的大多數時候都可採集野生菇蕈，尤其是在春天，即使夏末和夏天最有利於它們的生長，因為它們非常需要濕氣。與環境和氣候條件有密切關係的菇蕈是樹的重要夥伴，因為它們會棲息在樹腳。

La classification 分類
菇蕈分為四大家族：

À lamelles 薄片狀： 薄片狀蕈絲位於傘蓋下，如巴黎蘑菇和鵝膏蕈（amanite）；是最常見的品種。

À tubes 管狀： 這時薄片蕈絲由管狀蕈絲所取代，連接處很容易拆解，例如牛肝蕈（bolet）。

À aiguillons 針狀： 我們會發現小針狀蕈絲略為緊密地排列在一起，例如羊菇蕈（pied-demouton）。

Les autres 其他的 種類也相當多，如羊肚蕈或鹿花蕈（gyromitre），其傘蓋為蜂巢狀，其他則既無柄，也無傘蓋，就如同松露一樣。

儘管野生菇蕈仍被視為菇中之王，而且在加入主廚的料理時，總是被視為節慶大餐，但種植的菇蕈類也有多種料理方式。例如巴黎蘑菇，選擇新鮮且優質的蘑菇也是一種體驗。它也被列入法國料理的基礎中，尤其是蘑菇泥（duxelles）—

蘑菇與奶油炒紅蔥頭的簡單組合—在以鮮奶油稠化後，可用來提升新鮮鳥巢麵的層次，或是用來製作前菜或餡餅（tourte）。

La conservation 保存
風乾適合水分很少的菇蕈，如雞油蕈、羊肚蕈或切片後的牛肝蕈。菇蕈可整顆保存，或是磨成粉。多肉的種類可以罐裝（殺菌）或冷凍保存。小型的品種則適合以油、醋或鹽漬的方式保存。

Les champignons par saison 各季菇蕈

Au printemps 春季

可食用羊肚蕈（morille comestible）（絕對不要生吃）因體型大、橢圓形的傘蓋和鮮明的紅褐色而容易辨識。

尖頂羊肚蕈（morille conique）的特色是傘蓋呈現非常明顯的圓錐形，淡淡的黃褐色和長形的蜂巢。

食用傘蕈（mousseron），又稱口蘑（tricholome de la Saint-Georges），被視為最優質的菇蕈之一。它是白色或米色，傘蓋多肉，氣味接近茉莉花。

En été 夏季

夏季松露（*truffe d'été*）：又稱聖尙松露（truffe de la Saint-Jean），在加爾（Gard）、特里卡斯坦（Tricastin）、洛特（Lot）、凱爾西（Quercy）、沃克呂茲（Vaucluse）和皮埃蒙（Piémont）等地區十分常見。它的味道遠遠比不上冬季的松露。

Fin d'été et automne 夏末與秋季

凱撒鵝膏蕈（*L'amanite des Césars*），經常出現在法國南部的橡樹和栗樹下，以橘紅色的傘蓋和細緻的榛果味著稱。

褐絨蓋牛肝蕈（*Le bolet bai*），可從它棕色的傘蓋加以辨識，必須在幼嫩時食用，才能充分發揮它的美味。

波爾多牛肝蕈（*Le cèpe de Bordeaux*）的特色在於其黃褐色的凸形傘蓋大小可達15至20公分，以及讓愛好者非常欣賞的味覺品質。

高大環柄菇（La coulemelle 或 lépiote）在幼嫩時最爲美味，而且因其超乎標準的比例，以及覆蓋著棕色斑紋的鱗片和指環而容易辨識。

雞油蕈（*La girolle*），常出現在針葉林中，是一種帶有水果味的美味菇類，顏色從橘黃色到蛋黃色都有。

藍腳菇（Le pied bleu）（或稱紫丁香蘑 tricholome nu），存於針葉林，灰紫色，味道甜美並略帶茴香味。亦可在春季採收。

羊腳菇（Le pied-de-mouton）主要存於山毛櫸下，它的刺極爲脆弱，柄爲白色，傘蓋的顏色爲微白至淡黃，傘蓋厚且總是不規則。

喇叭蕈（La trompette-des-morts 或 trompette-de-la-mort）的特徵在於其深暗的灰黑色，以及漏斗狀且完全中空的喇叭形傘蓋。

Toute l'année 全年

室內栽培菇蕈（*Les champignons de couche*），其中巴黎蘑菇爲白色或米色。秀珍菇（pleurote）的特色在於其如牡蠣般的形狀，顏色多變，從紫黑到藍灰都有，甚至某些品種會呈現黃色，在特製並接種的楊木根上生長，必須趁幼嫩時採收。

香菇（shiitake 或 lentin-des-chênes），日本栽種已久，生長在香木（shii）（橡樹家族樹木）上。煮熟後的味道近似牛肝蕈。

值得一提的還包括金針菇（enoki），可從它長長的莖和鈕扣般的極小傘蓋來加以辨識，像是棕色或白色的鴻喜菇（shimeji），後者也是叢生。

同樣全年皆可取得的菇蕈還包括：波特菇（portobello），具有中間突起的大蒂頭和棕色的傘蓋（皇家秀珍菇 pleurote royale）、黑木耳（oreille-de-Judas）或叢生的多孔蕈（polypore）。

Conseils d'utilisation 使用建議

在大多數情況下，請勿清洗菇類，也不要幫它們去皮。請先以濕布擦拭，接著在乾燥的情況下，用刷子刷去塵土。如果蒂頭沾滿泥土、纖維過粗或長蟲，就將蒂頭切去。若是牛肝蕈，在海綿部分過多時將管狀部分切去，若菇類過熟，就修整成薄片。若您必須清洗您的菇類，請快速過水，但不要浸泡，並快速擺在吸水紙上瀝乾。

若您想收集菇類的精萃（植物汁液），請在不放油的平底煎鍋中炒至出汁，接著過濾以收集原汁。若要製作配菜，最好使用奶油（可用來提味）、中性油或橄欖油。在某些情況下，例如羊肚蕈，可能會選擇榛果油。

Conseils des chefs
主廚建議

菇類是一種味道細緻的食材。保存它細緻的風味非常重要。應避免使用大蒜，請優先選擇紅蔥頭、韭蔥蔥白、香草和平葉巴西利。

———

— SAISONNALITÉ DES CHAMPIGNONS —
菇蕈的季節性

	1月	2月	3月	4月	5月	6月	7月	8月	9月	10月	11月	12月
Amanite des Césars 凱撒鵝膏蕈								■		■		
Bolet 牛肝蕈									■	■	■	
Cèpe de Bordeaux 波爾多牛肝蕈						■	■					
Chanterelle 管形雞油蕈										■	■	
Coulemelle 高大環柄菇									■	■	■	
Girolle 雞油蕈				■	■	■			■	■		
Morille 羊肚蕈				■	■							
Lactaire 乳菇										■	■	■
Mousseron 食用傘蕈					■	■			■	■		
Pied-de-mouton 羊腳菇										■	■	
Tricholome nu (ou pied bleu 或紫丁香蘑)									■	■	■	
Trompettes-des-morts 喇叭蕈									■	■	■	
Truffe noire 黑松露	■	■										■
Truffe de Bourgogne 勃艮第松露									■	■	■	
Truffe d'été 夏季松露						■	■	■				
Truffe blanche d'Alba 阿爾巴白松露										■	■	■

CHANTERELLE 管形雞油蕈

TROMPETTES-DES-MORTS 喇叭蕈

COULEMELLE 高大環柄菇

CÈPE DE BORDEAUX 波爾多牛肝蕈

PIED-DE-MOUTON 羊腳菇

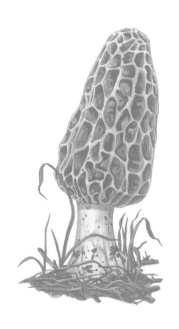

MORILLE CONIQUE 尖頂羊肚蕈

Escaloper les champignons

蘑菇切片

✳

USTENSILE 用具
鋒利的刀

· 1 ·

將蘑菇頭斜切成兩半。

· 2 ·

再依大小將每半塊蘑菇切成二半或3塊，一樣斜切。

· 3 ·

切片蘑菇。

Réaliser des quartiers de champignons

蘑菇切塊

USTENSILE 用具

鋒利的刀

· 1 ·

將蘑菇切半。

· 2 ·

再依大小將每半塊蘑菇切成二半或3塊。

· 3 ·

切塊的蘑菇。

Émincer les champignons

蘑菇切薄片

✳

USTENSILE 用具

切片刀（Couteau éminceur）

· 1 ·

用切片刀將蘑菇頭切成薄片。

— FOCUS 注意 —

為了方便切蘑菇並確保切出規則的片，
請切去蒂頭，將蘑菇頭平放在工作檯上。
蘑菇很嬌弱，請極其小心，
而且永遠在最後一刻再切，
以免氧化。

Salpicon de champignons

蘑菇切丁

✤

USTENSILE 用具
鋒利的刀

• 1 •

將蘑菇頭切成厚片。

• 2 •

將蘑菇片切成條狀（棍狀）bâtonnets。

• 3 •

將蘑菇條切成邊長3至4公釐的丁狀。

Julienne
ou duxelles
de champignons

蘑 菇 切 絲 或 製 成 蘑 菇 泥

❋

USTENSILE 用具
鋒利的刀

· 1 ·

將蘑菇剝皮。

· 3 ·

將蘑菇片切絲。

• 2 •

將蘑菇切成薄片。

• 4 •

將蘑菇絲切成極小的丁,以製作蘑菇泥(duxelles)。

—— **FOCUS** 注意 ——

為了成功進行完美的裁切,請準備一把
適當的刀,磨利,最好選擇刀身薄的。
薄度和規則的大小
是菜餚最終呈現極重要的條件,
蘑菇泥會因此更加美味。

Tourner les champignons

轉削蘑菇

❋

USTENSILE 用具
鳥嘴刀（Couteau à tourner）

· 1 ·

握住蘑菇的蒂頭和底部。抓住刀身後方，接著切出溝紋。

· 3 ·

去掉蒂頭。

· 5 ·

用刀尖將蘑菇底部的周圍劃開。

· 2 ·

將整個蘑菇切出溝紋，從頂端開始切至底部。

—— **FOCUS 注意** ——

為了能夠完美地轉削蘑菇，
請用大拇指和中指握住您水果刀的刀身，
並將食指抵在刀尖。接著從頂端開始
朝底部的方向進行圓弧形的削切。

· 4 ·

修整蘑菇底部，修成規則形狀。

· 6 ·

去掉底部。

· 7 ·

將蘑菇中心掏空。

LES BULBES
ET FINES HERBES
Techniques

球莖蔬菜與香草

技巧

Ciseler un oignon

洋蔥切碎

❋

USTENSILE 用具
鋒利的刀

· 1 ·

將洋蔥切半。

· 2 ·

平面朝下，置於工作檯上，切成規則的薄片，但不要切到蒂頭。

· 3 ·

由下而上水平橫切，一樣不要切到蒂頭，讓洋蔥仍固定在一起。

· 4 ·

再垂直切，將洋蔥切成細碎狀。

Émincer
un oignon

洋蔥切薄片

✳

USTENSILE 用具
水果刀

· 1 ·

將半顆洋蔥擺在工作檯上，去掉蒂頭。

· 2 ·

切成規則的薄片。

Ciseler
de la ciboulette

細香蔥切碎

USTENSILE 用具
鋒利的刀

· 1 ·

將整束的細香蔥嫩莖（預先清洗並瀝乾）擺在一起，
用刀以單一方向切碎。

Ciseler
une échalote

紅蔥頭切碎

❋

USTENSILE 用具
鋒利的刀

• 1 •

將紅蔥頭切半。

• 2 •

平面朝下，置於工作檯上，切成規則薄片，但不要
切到蒂頭。

• 3 •

由下而上水平橫切，一樣不要切到蒂頭，讓紅蔥頭
仍固定在一起。

• 4 •

垂直切成薄片，將紅蔥頭切成細碎。

Réaliser un bouquet garni

製作香料束

❋

香料束1束

INGRÉDIENTS 材料
月桂葉2片
百里香2枝
平葉巴西利2枝
韭蔥蔥綠（vert de poireau）50克
平葉巴西利梗50克

USTENSILE 用具
料理用繩

・1・

將材料聚集在工作檯上。

・4・

將繩子打結。

· 2 ·

將材料包在韭蔥蔥綠中。

· 3 ·

用繩子沿著蔥綠的長邊牢牢綁起。

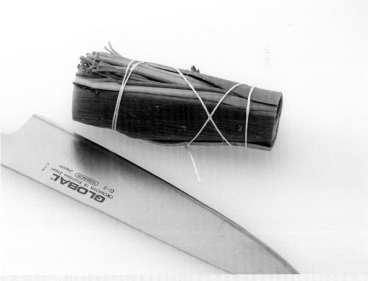

· 5 ·

修整（切下）末端。

· 6 ·

香料束已經準備完成，隨時可供烹調使用。

Plucher
du persil

平葉巴西利的處理

✿

USTENSILE 用具
鋒利的水果刀

· 1 ·

將葉片與梗分開，接著清洗、瀝乾並仔細晾乾。

· 3 ·

一隻手平放在刀背上，將刀尖固定在砧板上，另一隻手
握住刀子的根部，進行前後搖擺的壓切動作。

· 2 ·

將葉片聚集在一起,將葉片牢牢固定,接著切碎。

· 4 ·

將全部的葉子切成細碎,並留意經常將分散的部分集中
在一起切碎。

LES TOMATES ET POIVRONS
Techniques
番茄與甜椒**技巧**

Monder
un poivron

甜椒去皮

❋

USTENSILES 用具
噴槍
水果刀

· 1 ·

炙燒整顆甜椒的表皮。

· 3 ·

用水果刀刮整個表皮，以完整地去除甜椒皮，接著用流水
沖洗甜椒。

· 4 ·

將蒂頭周圍劃開，去掉蒂頭和籽。

· 2 ·

用鋁箔紙（或保鮮膜）包起一會兒。

—— **FOCUS** 注意 ——

在這項技巧中，噴槍是很棒的工具，
因為它可以均勻且精準地炙燒果皮，
但又不會燒到果肉的部分。
接著用鋁箔紙或保鮮膜包起，
讓果皮可以自然剝離，
因此很容易去除甜椒皮。

· 5 ·

將甜椒剖開，切成2或3塊，接著去掉較厚淺白色的囊。

Monder une tomate

番茄去皮

❋

USTENSILE 用具

水果刀

· 1 ·

在每顆番茄底部劃十字。

· 3 ·

將番茄瀝乾。

· 4 ·

撈起浸入冰水中。

· 2 ·

將番茄浸入沸水中 10 至 14 秒。

· 5 ·

用水果刀去皮並去蒂。

Pétales, dés, concassée de tomates

番茄切瓣、切丁、切碎

✳

USTENSILE 用具
鋒利的水果刀

· 1 ·

切瓣：將番茄縱切成兩半。

· 3 ·

去掉番茄心，只保留果肉的部分，番茄瓣就此完成。

· 5 ·

切碎：將番茄橫切成兩半。

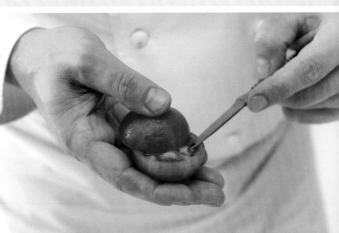

· 6 ·

去籽。

· 2 ·

將每半顆番茄再切成兩半，形成4瓣。

· 4 ·

切丁：將番茄瓣沿長邊切成帶狀，接著再切成規則的小丁。

—— **FOCUS 注意** ——

在將番茄切瓣、切丁和切碎時，
記得收集番茄的植物原汁。
可作為開胃小點食用，或是轉化為
細緻微妙的番茄凍，
可以作為非常出色的調味。

· 7 ·

將每半顆番茄切成條狀。

· 8 ·

將條狀番茄轉向，接著切成極小的丁，形成番茄碎。

LES POMMES
DE TERRE
Techniques

馬鈴薯技巧

Les pommes de terre
馬鈴薯

生於南美祕魯和玻利維亞邊界，安地斯山脈的土壤中，馬鈴薯會登陸歐洲應歸功於西班牙的征服者，是他們將其中一種馬鈴薯帶進了船艙。一開始被視爲奇特的植物，solanum tuberosum（馬鈴薯的學名）能在法國流傳開來，多虧了藥學家兼農學家帕蒙堤（Antoine Augustin Parmentier），他很早就確信馬鈴薯能夠帶來益處，也是馬鈴薯最虔誠的推廣者之一。

雖說馬鈴薯作爲豬的糧食，但它同時也拯救了無數受飢餓所苦的人們，最初之所以畏懼它，是因爲它在地下生長，因而很接近地獄…它的成功和成名，都要歸功於藥學家兼農學家帕蒙堤，他很早就確信「土豆patate」的價值。帕蒙堤在普魯士（Prusse）當戰俘時嚐到馬鈴薯的滋味，因爲當時腓特烈大帝派人在當地種植馬鈴薯，用來取代穀物，後來帕蒙堤便策略性地將馬鈴薯引進法國，並讓法國人「愛上它」。他邀請國王參加以馬鈴薯爲基底材料，製作各種料理的餐會，以證明馬鈴薯的美食潛能，甚至在巴黎近郊的細沙平原上種植。這名男子並由此萌生一個絕妙的想法：讓國王的軍隊在白天看守農田，晚上則不派人看管，因而引發貪慾和偷竊的行爲。人們對馬鈴薯的興趣就此產生。

馬鈴薯目前是世界種植數量第四高的糧食作物。種植於上百個國家的馬鈴薯具有一項主要優勢，即它的塊莖很容易發芽，連貧瘠的環境都能夠適應。2008年，馬鈴薯獲得了認可，聯合國組織因而向世界證明它的好處，以及它在對抗饑餓所扮演的角色。但馬鈴薯還有許多用途，其中有些不爲人所知。它可用來製作伏特加；製藥工業將它作爲賦形劑而用於藥物中；它也是某些美妝品的成分之一；也使用於某些織品和紙張的製造。

選種讓它的食用價值得以提升，馬鈴薯始終是主要糧食之一，同時也是美食中的寶藏。在法國的目錄中列入二百種馬鈴薯，但市面上只能取得其中約十二種品種。根據我們所能取得的不同品種，已有足夠的選擇，並能夠製作各式各樣的料理。法國的烹飪遺產也反映出這著名塊莖可能的發展空間，因爲以馬鈴薯爲基底的食譜繁多：女爵馬鈴薯（pomme duchesse）、多菲諾（dauphine）、安娜馬鈴薯派（Anna）、炸馬鈴薯餅（paillasson）、焗烤馬鈴薯（gratin dauphinois）等。而我們也必須提及，在經典的家庭料理中，馬鈴薯可水煮、連皮或不連皮、製成泥、煮成湯、製成沙拉、油炒或油炸。

Les pommes de terre se classent en 3 catégories
馬鈴薯分爲3類

硬質馬鈴薯，在烹煮時不會粉化，很適合用來製作沙拉、蒸馬鈴薯，或是油炒。硬質馬鈴薯包括：紅皮的珍愛馬鈴薯（chérie）、果肉黃而香甜的羅斯瓦紅皮馬鈴薯（roseval）、古老的黃肉品種：芳婷美人（belle-de-fontenay）、最著名的品種之一：夏洛特（charlotte），而種植於法國碧卡地省（Picardie）的龐畢度（pompadour）就和哈特（ratte）一樣，都以體型小和栗子味而著稱。

Les pommes de terre à chair fondante 軟質馬鈴薯，或稱「萬用馬鈴薯」，被列爲多功能的馬鈴薯，很適合用來製作燉菜，因爲它們能夠吸收醬汁的味道。在這個種類中，較著名的有蒙娜麗莎（monalisa），很適合用來焗烤，或是尼可拉（nicola）。

Les variétés à chair farineuse 粉質馬鈴薯，在烹煮時會粉化。不太會吸油，很適合用於油炸，但也可以用來製作濃湯或烤馬鈴薯。大型馬鈴薯：班杰（bintje）是最常種植的品種，但您也能找到具淡淡甜味的塞特瑪（sirtema），以及因暗色果皮和紫色果肉而容易辨識的維特羅黑紫馬鈴薯（vite-lotte）。

但我們還能再另外加入最後1個種類：*pommes de terre primeur* 當季馬鈴薯，在完全成熟前提前採收的品種，具有獨特的淡甜味。其中以雷島（Île de Ré）的馬鈴薯，和諾瓦爾穆提爾（Noirmoutier）的波諾特馬鈴薯（bonnote）最具代表性。在法國，當季馬鈴薯的名稱效期，依法僅在每年8月1日前可使用。

— LES PRÉPARATIONS—
製作

*la purée*馬鈴薯泥：總是將您去皮的(粉質)馬鈴薯切成至少4塊，以鹽水煮，瀝乾後放入食物研磨器中攪打。一打成泥就停止攪打，先混入一些奶油，接著是少量的牛乳或鮮奶油，甚至兩者都加。

*les frites*油炸：將您的馬鈴薯(粉質)削皮、清洗、切塊，接著以大量清水沖洗至少2小時，以去除多餘的澱粉。如此便可增加馬鈴薯的酥脆度。接著必須油炸二次，第一次160℃，第二次以180℃進行油炸。

*les pommes de terre sautées*油煎馬鈴薯：將(硬質)馬鈴薯削皮、清洗，用熱水沖洗，擦乾後放入加熱至起泡的奶油中油煎，一開始先加蓋。

Un concentré de vitalité 集合多種營養

馬鈴薯含有特別豐富的鉀，對肌肉的收縮很重要，含有的鎂則是構成骨頭和牙齒的元素，也含有磷、鐵和維生素，其中的B6有助於蛋白質的代謝，B1則促使醣類轉化爲能量，而維生素C可強化免疫系統。但它同樣也富含纖維質，對於腸道的調節和飽足感不可或缺。

Le choix et la conservation 挑選與保存

馬鈴薯的挑選依食譜而定，首要條件就是選擇適用於此烹調法的品種。在架上最好選擇仍帶有泥土的馬鈴薯，因爲這構成最佳的天然防護，不要挑有記號或有凹痕的，尤其不要選發綠的馬鈴薯。如果可以的話，請避免選擇已經清洗過的馬鈴薯，因爲這樣的馬鈴薯最爲脆弱！

務必要將馬鈴薯保存在乾燥陰涼處，理想的溫度爲6℃至8℃，特別要避開陽光，以免變綠。

Utilisation des différentes variétés 各個品種的使用

煮湯、果泥和油炸：班杰(bintje)、塞特瑪(sirtema)、維特羅黑紫馬鈴薯(vitelotte)。

蒸、油炒或製成沙拉：安娜貝爾(anabelle)、愛蒙汀娜(amandine)、芳婷美人(belle de fontenay)、BF15、夏洛特(charlotte)、龐畢度(pompadour)、哈特(ratte)。

燉菜和焗烤：阿嘉莎(agatha)、阿克瑞亞(agria)、蒙娜麗莎(monalisa)、尼可拉(nicola)。

當季：雷島(Île de Ré)的馬鈴薯、諾瓦爾穆提爾(Noirmoutier)的波諾特馬鈴薯(bonnote)、塞特瑪。

Pomme de terre et diététique 馬鈴薯的營養價值

每100克	*Cuites à la vapeur avec peau* 連皮蒸煮	*Cuites à l'eau avec peau* 連皮水煮	*En purée avec lait et beurre* 加牛乳和奶油製成馬鈴薯泥	*En frites* 油炸	*En chips* 洋芋片
熱量	*81* 大卡	*79,9* 大卡	*92,4* 大卡	*245* 大卡	*504* 大卡
脂肪	*0,1* 克	*0,1* 克	*2,98* 克	*11,4* 克	*34,4* 克
膳食纖維	*1,8* 克	*1,9* 克	*1,4* 克	*2,5* 克	*4,1* 克
維生素 C	*13* 毫克	*11,1*毫克	*5,75*毫克	*16,5*毫克	*28* 毫克
鉀	*379* 毫克	*333*毫克	*275*毫克	*792*毫克	*1164* 毫克
鎂	*22* 毫克	*12*毫克	*13,2*毫克	*27,7*毫克	*50*毫克

節錄自克萊兒·馬戴Claire Martel《馬鈴薯的美味與價值*La Pomme de Terre, Saveurs et Vertus*》, Éditions Grancher

Pommes pailles

馬鈴薯籤

❄

USTENSILES 用具
水果刀
刨切器

• 1 •
修整（切去）去皮馬鈴薯的末端。

• 3 •
用刨切器刨成薄片。

• 4 •
將幾片馬鈴薯疊在一起，接著切成細條狀。

· 2 ·

將馬鈴薯切成長方體。

— FOCUS 注意 —

馬鈴薯籤極細,而這也是它的魅力所在,
可確保它的輕巧酥脆。
在將馬鈴薯切成薄片時,請試著切成
1至2公釐之間的厚度。
接著請小心地沖洗,以去除澱粉。

· 5 ·

用冷水沖洗馬鈴薯並瀝乾,再進行烹煮。

Pommes Pont-Neuf

新橋馬鈴薯

Pommes allumettes

馬鈴薯火柴

✱

USTENSILE 用具
切片刀

· 1 ·

修整（切去）去皮馬鈴薯的末端，並切成長方塊。

· 3 ·

切成邊長1公分的棍狀 bâtonnet，以製作新橋馬鈴薯。

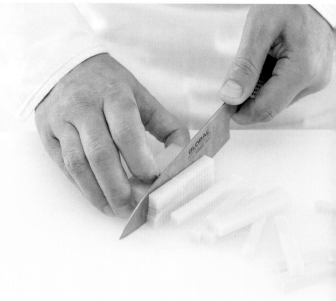

· 4 ·

切成邊長3至4公釐的棍狀，則可製作馬鈴薯火柴。

· 2 ·

再切成厚3至4公釐的片狀。

· 5 ·

左為新橋馬鈴薯,右為馬鈴薯火柴。

Friture des pommes Pont-Neuf

油 炸 新 橋 馬 鈴 薯

❄

USTENSILES 用具
油炸鍋
烹飪專用溫度計

• 1 •

將油熱至155℃。

• 4 •

將油炸鍋的溫度增加至180℃。

· 2 ·

將新橋馬鈴薯（充分瀝乾並晾乾），浸入油炸鍋中。

· 3 ·

用刀尖檢查烹煮程度（馬鈴薯必須軟化但不上色），然後將馬鈴薯瀝乾。

· 5 ·

上菜前將新橋馬鈴薯再浸入油炸鍋中。

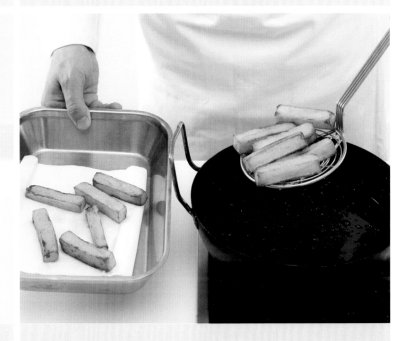

· 6 ·

待馬鈴薯充分上色時撈起，擺在吸水紙上瀝乾。

Pommes gaufrettes

格狀馬鈴薯片

✳

USTENSILE 用具
刨切器

· 1 ·

用裝有波浪狀刀片的刨切器，刨切去皮的馬鈴薯。

· 3 ·

繼續進行同樣的動作，在每次刨切時都將馬鈴薯轉 ¼ 圈。

• 2 •

將馬鈴薯轉¼圈，重複同樣的動作，以形成格狀馬鈴薯片特有的格子狀。

—— **FOCUS** 注意 ——

為了能夠成功製作出格狀馬鈴薯片，
請記得每次讓馬鈴薯經過刨切器的刀片
之前，讓馬鈴薯「完整」的旋轉，
以便在最後做出完美的格狀。
接著用清水沖洗以去除澱粉，
仔細晾乾後再浸入熱騰騰的油炸鍋裡。

• 4 •

以冷水沖洗格狀馬鈴薯片，接著瀝乾，晾乾後再進行油炸。

Pommes chips

馬鈴薯片

✿

USTENSILE 用具
刨切器

• 1 •
用裝有平口刀片的刨切器，將馬鈴薯刨成薄片。

• 2 •
在冷水中沖洗馬鈴薯片，接著瀝乾並晾乾後，再進行油炸。

Pommes noisette

馬鈴薯球

✳

USTENSILE 用具
挖球器（Cuillère parisienne）

· 1 ·

用挖球器從馬鈴薯中挖出一顆顆的小球，然後浸泡在冷水中。

· 2 ·

將馬鈴薯球瀝乾。

Tourner les pommes de terre

轉 削 馬 鈴 薯

✳

USTENSILE 用具
鳥嘴刀（Couteau à tourner）

· 1 ·

爲去皮並分類爲小型的馬鈴薯（大小均相同），修整（切去）末端。

· 4 ·

用鳥嘴刀以劃圓弧形的方式將切成4塊的馬鈴薯修邊，讓馬鈴薯形成規則的長橢圓形。

·2·

依想獲得的大小而定，將馬鈴薯從長邊切半。

·3·

切成4塊。

·5·

為大型馬鈴薯進行削切（整顆），以形成規則的面，如此便可獲得用於製作 pomme à l'anglaise 英式馬鈴薯（加鹽水煮）的馬鈴薯塊。

·6·

由左至右：pomme château 城堡（油煎）馬鈴薯、pomme à l'anglaise 英式馬鈴薯、pomme cocotte 燉煮馬鈴薯。

Pommes savonnettes

皂形馬鈴薯

❋

USTENSILES 用具
水果刀
削皮刀

• 1 •

用水果刀切下一大片厚厚的帶狀，讓馬鈴薯形成肥皂的形狀。

• 3 •

用削皮刀將稜角修圓。

· 2 ·

將馬鈴薯的凸起的表面切下，形成平坦的表面。

—— FOCUS 注意 ——

當您在將馬鈴薯切成皂形時，請記得保
留切下的碎屑，可用來製作馬鈴薯泥
（purée）、馬鈴薯慕斯林（mousseline
de pomme）或濃湯（pomme de terre
ou un velouté），可作為餐前點心享用。
您可以用小火燉煮皂形馬鈴薯，
也可以和高湯一起烘烤。

· 4 ·

皂形馬鈴薯已經準備好，隨時可供烹調使用。

Pommes boulangères

麵包師馬鈴薯

❋

6人份

INGRÉDIENTS 材料

馬鈴薯1.5公斤
（硬質）
洋蔥150克
鹽漬豬腹肉（ventrèche）150克
奶油90克
牛肉清湯1公升
百里香1枝
月桂葉1片

USTENSILE 用具
壓模

· 1 ·

在加熱至起泡的奶油中，將切成薄片的洋蔥、1枝百里香和1片月桂葉炒至出汁。

· 4 ·

續炒步驟1，並讓洋蔥充分上色。

· 7 ·

馬鈴薯片和鹽漬豬腹肉片交錯，將烤盤擺滿。

· 8 ·

將清湯consommé（牛肉、家禽或簡易清湯）倒入烤盤至馬鈴薯3/4的高度。

· 2 ·

在不沾平底煎鍋中將切成3段的鹽漬豬腹肉片（poitrine de porc）煎至上色（不放油）。

· 3 ·

將馬鈴薯切成厚片。用壓模裁切馬鈴薯，讓馬鈴薯的形狀一致。

· 5 ·

用些許的油將每片馬鈴薯煎至上色。

· 6 ·

將炒至上色的洋蔥鋪在焗烤盤底部。

· 9 ·

烘烤前鋪上小塊奶油，並用研磨罐撒上胡椒。

· 10 ·

烤成金黃色，完成可供品嚐的麵包師馬鈴薯。

Pommes Anna

安娜馬鈴薯派

❋

6人份

INGRÉDIENTS 材料
馬鈴薯（硬質）1.5公斤
澄清奶油（見66頁）150克
鹽、胡椒
肉豆蔻

USTENSILES 用具
刨切器
安娜馬鈴薯派模（Moule à pommes Anna）
或夏洛特蛋糕模（moule a charlotte）

· 1 ·

用刨切器將馬鈴薯刨成2公釐的片狀。

· 4 ·

將馬鈴薯片以圓花狀層層疊起，逐步排至邊緣。

· 7 ·

馬鈴薯片排至超過模型邊緣，如同一個環狀圈，填滿馬鈴薯片。

· 2 ·

用奶油煎馬鈴薯片幾分鐘，經常翻動，但不要上色。

· 3 ·

在夏洛特蛋糕模底部鋪上塗了奶油的烤盤紙，將馬鈴薯片排成圓花狀。

· 5 ·

將馬鈴薯片以交疊的方式鋪至模型邊緣。

· 6 ·

在模型內鋪滿馬鈴薯片。

· 8 ·

蓋上和模型同樣大小的烤盤紙，接著用適當的蓋子蓋起，進行烘烤。

· 9 ·

以180℃烘烤40分鐘至1小時，倒扣在蓋子上，靜置30分鐘後脫模。

Pommes moulées

模塑馬鈴薯

❋

6人份

INGRÉDIENTS 材料
大型馬鈴薯1.5公斤
（硬質）
帕馬森乳酪120克
澄清奶油150克（見66頁）
鹽、胡椒
肉豆蔻

USTENSILES 用具
壓模
夏洛特蛋糕模

· 1 ·
將馬鈴薯將切成厚4公釐的圓形薄片。勿以清水沖洗。

· 4 ·
繼續一層馬鈴薯片，一層乳酪絲、肉豆蔻粉輪流交疊排入。

· 5 ·
最後在模型頂端鋪上一層馬鈴薯片。

· 2 ·

用無花紋的壓模裁切成形狀一致的馬鈴薯片。

· 3 ·

在塗了奶油並鋪上烤盤紙的夏洛特蛋糕模中,將馬鈴薯片以圓花狀排列,並以乳酪絲少許肉豆蔻粉覆蓋。

· 6 ·

撒上一些乳酪,並淋上澄清奶油。

· 7 ·

以180℃烘烤35至40分鐘。倒扣,立刻脫模,將烤盤紙移除。

Préparer la pulpe de pommes duchesse Base des pommes amandines

愛蒙汀娜馬鈴薯的基底－
女爵馬鈴薯泥的製作

❋

6人份

INGRÉDIENTS 材料
班杰（Bintje）大型馬鈴薯1.5公斤
奶油50克
蛋黃4個
鹽、胡椒
肉豆蔻

USTENSILES 用具
食物研磨器
鑄鐵燉鍋（Cocotte en fonte）
平底深鍋（russe）

· 1 ·

在鑄鐵鍋中鋪上一層粗鹽，放上未去皮的馬鈴薯，然後放入烤箱烘烤至熟。

· 4

加入一些奶油。

· 2 ·

將還熱騰騰的馬鈴薯剖開成兩半，接著收集薯肉，放入食物研磨器中磨細。

· 3 ·

刨出一些肉豆蔻粉並調味。

· 5 ·

加入蛋黃。

· 6 ·

開文火，將馬鈴薯泥攪拌均勻。

Pommes amandines

愛蒙汀娜馬鈴薯

❀

6人份

INGRÉDIENTS 材料

女爵馬鈴薯泥
（見前頁）
麵粉100克
全蛋2顆
硬吐司（mie de pain rassis）製成的麵包粉80克
杏仁粉80克
杏仁片30克
花生油（huile d'arachide）1大匙
鹽、胡椒
油炸用油2公升

USTENSILES 用具

方形盤
油炸鍋

· 1 ·

為方形盤上油，鋪上煮熟的女爵馬鈴薯泥，置於陰涼處。接著將冷卻成塊狀的馬鈴薯泥倒在撒上麵粉的工作檯上，接著裁成3公分的條狀。

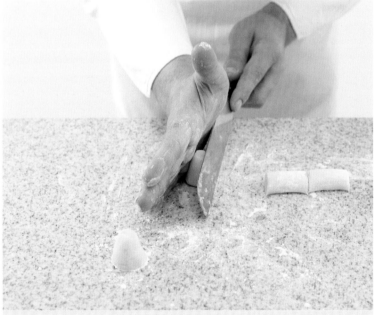

· 4 ·

用抹刀將每個圓柱整型成圓錐形。

· 5 ·

將每個圓錐狀馬鈴薯泥裹上麵粉，接著進行英式裹粉anglaise（浸入蛋液），最後再裹上混有杏仁片、杏仁粉的麵包粉。

• 2 •

將馬鈴薯條前後滾動，形成圓柱狀。

• 3 •

裁成5至6公分的圓柱。

• 6 •

將圓錐形馬鈴薯泥輕輕浸入180℃的油炸鍋中。

• 7 •

在愛蒙汀娜馬鈴薯炸成漂亮的金黃色時，從鍋中撈起，瀝乾。

Soufflé de pommes de terre

馬鈴薯舒芙蕾

❄

6人份

INGRÉDIENTS 材料
麵粉 50 克
奶油 50 克
牛乳 400 毫升
女爵馬鈴薯泥（見 514 頁）180 克
蛋黃 5 個
蛋白 5 個
奶油 25 克
乳酪絲 80 克
（帕馬森 parmesan、格律耶爾 gruyère、
孔泰 comté）

USTENSILES 用具
舒芙蕾模（Moules à soufflé）
橡皮刮刀（Maryse）
平底深鍋（russe）

· 1 ·

為模型塗上大量奶油，接著鋪上乳酪絲。

· 4 ·

攪拌並燉煮貝夏美醬（béchamel）。

· 7 ·

在女爵馬鈴薯泥的備料中混入 1/3 的蛋白霜。

· 8 ·

用橡皮刮刀輕輕攪拌。將這混合好的馬鈴薯泥倒入剩餘的蛋白霜中。

· 2 ·

製作油糊（roux），以文火混合麵粉和奶油攪拌均勻。

· 3 ·

將冷牛乳倒入熱油糊中。

· 5 ·

加入蛋黃成為莫內醬（sauce Mornay）。將莫內醬倒入馬鈴薯泥中。

· 6 ·

將蛋白打成泡沫狀，並形成乳霜狀蛋白霜的質地。

· 9 ·

將舒芙蕾麵糊倒入模型中，放入烤箱烘烤（180℃，35至40分鐘）。

· 10 ·

剛出爐的舒芙蕾，請立即享用。

LES LÉGUMES
Recettes
蔬菜**食譜**

GASPACHO
西班牙番茄冷湯

西班牙番茄冷湯配方源自西班牙，最適合在炎熱的夏季夜晚品嚐。它的成功取決於各種組成食材之間香味的平衡，其中的比例必須經過測量，但醋所帶出的酸度不能過於強烈，也是重點。

6人份
準備時間：1小時15分鐘
靜置時間：12小時
烹調時間：10分鐘

INGRÉDIENTS 材料
紅甜椒2顆
黃瓜1根
充分成熟的番茄1公斤
甜洋蔥（oignons doux）100克
紅辣椒（piment rouge）1根
大蒜1至2瓣
羅勒1小束
吐司100克
雪莉酒醋20毫升
橄欖油80毫升
濃縮番茄糊（concentré de tomates）
1大匙
塔巴斯科辣椒醬（Tabasco）幾滴

*garnitures*配菜
鵪鶉蛋（œufss de caille）6顆
紅甜椒150克
黃甜椒150克
黃瓜150克
尼斯黑橄欖（olives noires de Nice）
150克
細香蔥（ciboulette）1小束
吐司150克
橄欖油
鹽、胡椒

USTENSILE 用具
電動攪拌器

蔬菜：燄燒（flamber）甜椒皮，或用烤箱的烤架烘烤，以輕鬆去皮，接著去掉內部的囊和籽（見484頁）。將黃瓜去皮、去籽，接著用一些粗鹽醃漬以排出水分。將番茄去皮（浸入沸水中數秒後去皮—見486頁），去除籽和植物水，接著將果肉切小塊。將甜洋蔥去皮，將大蒜去芽。

醃漬：將黃瓜、切小塊的番茄、約略切碎的洋蔥和紅甜椒、切片（去籽）的新鮮辣椒、壓碎的蒜瓣、羅勒和吐司一起放入大的不鏽鋼盆（calotte）或沙拉攪拌盆中。加入調味料（雪莉酒醋和1/3的橄欖油），接著蓋上保鮮膜，在陰涼處保存12小時。

配菜：煮鵪鶉蛋4分鐘，瀝乾後放入一盆冰水中，接著剝殼，將蛋白和蛋黃分開，兩種都各別切碎，冷藏保存。將紅甜椒、黃甜椒、黃瓜、去核黑橄欖切小丁，冷藏保存。將細香蔥切碎，將吐司切小丁（和蔬菜一樣的大小），接著用油煎成漂亮的金黃色，然後擺在吸水紙上瀝乾。

最後完成：將醃漬好的蔬菜連同醃漬汁一起用電動攪拌器攪打，如有需要可加入1大匙的濃縮番茄糊，並混入剩餘的橄欖油，調味並用漏斗型濾器過濾。

擺盤：將西班牙番茄冷湯倒入玻璃杯（verrine）或湯盤中，接著在表面擺上配菜的材料，最後再淋上一些橄欖油。上菜前滴入幾滴塔巴斯科辣椒醬。

POTAGE « VICHYSSOISE » GLACÉ

維希馬鈴薯奶油冷湯

6人份
準備時間：45分鐘
烹調時間：30分鐘

INGRÉDIENTS 材料
韭蔥蔥白（blancs de poireaux）
300克
西洋芹30克
奶油60克
班杰馬鈴薯300克
鹽6克
水1公升

fiition 最後完成
鮮奶油300克
細香蔥1小束

吐司3片

USTENSILES 用具
電動攪拌器
漏斗型網篩

維希馬鈴薯奶油濃湯屬於法國美食的經典，實際上是專屬於夏季的前菜，而且適合冰冰涼涼地享用。可用山羊乳酪來取代打發鮮奶油，原味享用，或是加入一點胡椒提味，為菜餚增加一點刺激感。

蔬菜：將蔥白洗淨，西洋芹和馬鈴薯去皮。將蔥白和西洋芹切成三角薄片（見427頁），接著以奶油炒幾分鐘至出汁。加入切成大塊的馬鈴薯，倒入冷水，加鹽，不加蓋燉煮30分鐘。

最後完成：用電動攪拌器攪打濃湯，放涼，接著混入250克冷的鮮奶油，用漏斗型網篩過濾，並加入切碎的細香蔥。將吐司切小丁，並放入預熱至150℃（熱度5）的烤箱烘乾。將剩餘50克的鮮奶油打發。將充分冷卻的濃湯裝在杯子裡，擺上1小球的打發鮮奶油，再撒上吐司丁享用。

SALADE NIÇOISE
尼斯沙拉

6人份

準備時間：30分鐘
烹調時間：20分鐘

INGRÉDIENTS 材料

黃瓜300克
櫻桃蘿蔔（radis rond rouge）200克
紅甜椒250克
青椒250克
美生菜（salade iceberg）3顆
鵪鶉蛋（œufs de caille）12顆
長棍麵包（baguette）1條

尼斯黑橄欖（olives noires de Nice）
100克
長鰭鮪魚（thon blanc）400克

sauce romanesco 羅曼斯科醬

紅甜椒150克
牛心番茄400克
大蒜10克
松子（pignons de pin）50克
雪莉酒醋5克
橄欖油100毫升
醃鯷魚（anchois marinés）50克

tapenade 普羅旺斯黑橄欖醬

尼斯黑橄欖400克
橄欖油100毫升
酸豆100克

huile d'olive citron 檸檬橄欖油

黃檸檬（citron jaune）1顆
橄欖油200毫升

fiition 最後完成

綠羅勒（basilic vert）1小束
紫羅勒（basilic violet）1小束
水耕紫蘇（shiso cress）1盒

USTENSILE 用具

直徑10公分的壓模

這是一道有時會引發爭論的的菜餚…正宗尼斯沙拉構成的食材是什麼？「原始」配方是由番茄、紅洋蔥、青蔥（cébette）、紅甜椒和青椒、橄欖、鯷魚與橄欖油所組成。但配方並不是固定的，每個人都可以加以調整。

蔬菜的準備：將黃瓜斜切，並將櫻桃蘿蔔切成4塊。直接用爐火（或擺在烤箱的烤架上）烤紅甜椒，接著用鋁箔紙包起幾分鐘，拆開，去掉焦黑的皮。再將紅甜椒切半，去掉蒂頭和籽，接著將果肉切成薄片，用橄欖油浸漬至上菜的時刻。將青椒切開，修整，然後切成長條狀。將美生菜切下厚2至3公分的片，接著用圓形壓模裁切。

鵪鶉蛋的烹煮：水煮鵪鶉蛋（5分鐘），接著去殼切半。

羅曼斯科醬：將紅甜椒切半，去蒂並去籽，切成薄片，接著和番茄、未剝皮的蒜瓣及橄欖油拌勻一起擺在烤箱的炙烤盤上。在預熱至220℃（熱度7）的烤箱中烤20分鐘。將番茄去皮、去籽並盡可能擠掉果汁，將蒜瓣剝皮，接著和甜椒、番茄、松子、醋及鯷魚一起用電動攪拌器攪打。

黑橄欖醬：將橄欖（保留一部分作為裝飾）去核後，用電動攪拌器攪打所有材料。

檸檬橄欖油：將檸檬削皮，將果皮燙煮一次，接著放入橄欖油中。煮至80℃，熄火，浸泡至完全冷卻。

鮪魚的烹煮：用鐵板或烤架烤鮪魚，讓肉質保持粉紅色，然後放入檸檬橄欖油中冷卻。將鮪魚切成厚5公釐的片狀，並擺在美生菜上。

擺盤：將長棍麵包切成圓形薄片，用烤箱的烤架烘烤，接著抹上黑橄欖醬。為圓形的美生菜葉塗上一些黑橄欖醬，在每個盤中擺上一片圓形的美生菜，接著在這基底上和諧地擺上所有蔬菜、二種羅勒、紫蘇和預留的整顆黑橄欖。最後滴上幾滴羅曼斯科醬，並擺上黑橄欖醬麵包。

ASPERGES VERTES AUX MORILLES
羊肚蕈綠蘆筍

6人份
準備時間：30分鐘
烹調時間：40分鐘

INGRÉDIENTS 材料
綠蘆筍48根

duxelles de morilles 羊肚蕈泥
澤西紅蔥頭（échalotes de Jersey）
100克
奶油50克
羊肚蕈300克
液狀鮮奶油80克
鹽
胡椒

sauce au gewurztraminer
格烏茲塔明那醬
紅蔥頭40克
奶油20克
格烏茲塔明那（gewurztraminer）酒
100克
魚高湯500毫升
液狀鮮奶油200克
奶油40克

fiition 最後完成
金箔
豌豆嫩芽（Pousses de petits pois）

USTENSILES 用具
裝有擠花嘴的擠花袋
漏斗型網篩
長8公分，寬4公分，高4公分的
不鏽鋼方形模

這道配方結合了二種出色的春季產物。在同一個餐盤中聚集當季的食材絕對是明智的選擇。爲了能夠充分領略這道菜的美味，請仔細挑選極新鮮的食材。

綠蘆筍的烹煮：將蘆筍削皮至3/4的長度，接著去掉梗的末端。將大量的鹽水煮沸，燙煮蘆筍，務必要讓蘆筍保持略爲清脆的口感。瀝乾後切半，並將蘆筍尖保留5公分長。

羊肚蕈泥：將紅蔥頭切成細碎（切成極小的末），接著用奶油以極小的火將紅蔥頭末泡入低溫油漬（confire）。仔細刷洗羊肚蕈，如有需要可快速過水，仔細瀝乾，接著加入紅蔥頭中，以極小的火烹煮，並蓋上一張烤盤紙（和烹煮容器一樣大的圓形烤盤紙）。在烹煮結束時調味，保留6朵大的羊肚蕈、6朵中的羊肚蕈和6朵小的羊肚蕈。將其他羊肚蕈切碎，接著放回油漬紅蔥頭中，加入鮮奶油拌勻，全部倒入擠花袋中，預留備用。

格烏茲塔明那醬：在平底深鍋中將奶油加熱至融化，以極小的火將紅蔥頭末泡入低溫油漬（confire）。倒入酒，將湯汁收乾，接著加入魚高湯，並濃縮成鏡面glace（糖漿般的質地）。加入鮮奶油，再度濃縮至形成滑順的質地。在新的平底深鍋中，用漏斗型網篩過濾醬汁，調味，並用打蛋器混入奶油。

擺盤：在每個盤中擺上不鏽鋼方形模，將羊肚蕈泥擠入模型底部至1公分厚，接著在長邊擺上蘆筍莖。將模型移除，在另一邊擺上蘆筍尖，並讓它們超出側邊，接著將保留的完整羊肚蕈擠入羊肚蕈泥，每盤豎立3個塞餡的羊肚蕈（1大、1中、1小），接著在每朵羊肚蕈上放上1小片金箔。在蘆筍上擺上一些豌豆嫩芽，最後在周圍淋上格烏茲塔明那醬。立即上菜。

MARAÎCHÈRE DE LÉGUMES
田園鮮蔬

6人份
準備時間：55分鐘
烹調時間：35分鐘

INGRÉDIENTS 材料
glaçage des légumes 蔬菜亮面煮
核桃大小的奶油1塊
糖1大撮
鹽、胡椒

幼嫩的大頭蔥（petits oignons
nouveaux）1小束
帶葉的嫩胡蘿蔔 ½ 小束
帶葉的嫩蕪菁1小束
帶刺的紫朝鮮薊
（artichauts épineux violets）6顆
檸檬2顆
橄欖油200毫升
大蒜4瓣
百里香3枝
月桂葉3片
平葉巴西利梗3枝
蠶豆400克
菠菜200克
奶油120克
去殼新鮮豌豆200克
糖2大撮
蔬菜高湯（見32頁）2公升
辛香煙燻鹽漬豬腹肉（ventrèche
épicée et fumée）100克
小馬鈴薯（pommes de terre
grenaille）300克
鹽、胡椒

USTENSILE 用具
煎炒鍋

田園鮮蔬適合各個季節，但在春季因為使用了繽紛美味的蔬菜而別具風味。它的成功取決於對每種蔬菜的細心烹調，讓它們能夠在餐盤中充分發揮獨特的美味。

大頭蔥的亮面煮：將大頭蔥去皮，但保留蔥綠的部分，接著混合水、奶油、糖、鹽和胡椒，進行亮面煮（les cuire par glaçage）。

胡蘿蔔和蕪菁的亮面煮：去掉胡蘿蔔和蕪菁的葉片，依蔬菜的粗細進行裁切，並用水果刀將蔬菜轉削成長橢圓形（見448頁）。各別進行不上色亮面煮（glaçage à blanc），如同上個步驟的說明。

朝鮮薊的烹煮：轉削朝鮮薊（見444頁的技巧），用挖球器去除底部的絨毛，依朝鮮薊的大小切成4塊或6塊，抹上檸檬，然後在煎炒鍋中用少許橄欖油、一些檸檬水、1瓣壓碎的大蒜、1枝百里香、1片月桂葉、鹽和胡椒快炒。

蠶豆和菠菜的準備：將蠶豆去殼，燙煮後去掉周圍的皮並預留備用。將菠菜去梗、清洗，將水分瀝乾，然後將菠菜切成細絲（chiffonnade）。用1枝百里香、1片月桂葉和3枝平葉巴西利梗製作香料束。

豌豆的烹煮：在煎炒鍋中將奶油加熱至融化，在奶油起泡時加入1瓣壓碎的大蒜、菠菜細絲，接著是蠶豆。加鹽、胡椒，加入糖，接著用蔬菜高湯淹過，在中央放入香料束，煮至微滾，續煮15分鐘。烹煮結束前5分鐘加入豌豆，最後再加入1塊核桃大小的奶油。

馬鈴薯的烹煮：連皮清洗小馬鈴薯，斜切成兩半，接著用一些橄欖油、1枝百里香和2瓣壓碎的大蒜油煎。一開始加蓋烹煮（約10分鐘），最後掀蓋放入核桃大小的奶油。

擺盤：將蔬菜聚集在沙拉攪拌盆或湯盤中，可搭配一塊烤家禽肉或烤肉上菜。

FLEURS DE COURGETTE FARCIES
鑲餡櫛瓜花

6人份
準備時間：35分鐘
烹調時間：30至40分鐘

INGRÉDIENTS 材料
櫛瓜花（courgette fleur）18朵
奶油100克
橄欖油100毫升
粗鹽10克（每公升）

Farce 餡料
羔羊肩肉（épaule d'agneau）300克
櫛瓜500克
胡蘿蔔100克
白洋蔥（oignon blanc）1顆
紅蔥頭50克
大蒜3瓣
羅勒1小束
蛋4顆
陳年帕馬森乳酪（vieux parmesan）
100克
喇叭蕈150克
吐司250克
液狀鮮奶油100克
橄欖油100毫升
鹽
艾斯伯雷紅椒粉1大撮

Sauce 醬汁
橄欖油100毫升
番茄3顆
羅勒½小束
松子100克
碎胡椒粒10克

USTENSILE 用具
切碎機（Hachoir）

這道菜是這個時節的完美呈現，因為產季很短，就如同櫛瓜開花的時間。但在品嚐這道充滿地中海風情的美味菜餚時，耐心無疑是多餘的。

櫛瓜花：用刀將櫛瓜的末端削成如鉛筆的尖端，務必要保留切下來的碎屑。去除內部的花蕊，然後將櫛瓜花放入加鹽沸水中「來回」燙煮一次即可，立刻放入冰水中冰鎮，接著快速瀝乾並預留備用。

餡料：去掉吐司邊，將吐司切成大丁，然後浸泡在鮮奶油中。將羔羊肩肉切成小丁，用橄欖油油煎，接著瀝乾。清洗櫛瓜和喇叭蕈，將胡蘿蔔、洋蔥和紅蔥頭去皮，接著將所有蔬菜切成小丁，並用一些橄欖油和壓碎的大蒜油煎，加鹽並撒上艾斯伯雷紅椒粉。用細網目的切碎機（絞肉機Hachoir）將餡料攪碎，加入剛用手擠乾的吐司丁，最後再用橡皮刮刀將蛋，接著是帕馬森乳酪和切碎的羅勒混入餡料中。

櫛瓜花的烹煮：將花瓣輕輕分開，將餡料包在裡面，但仍維持花的形狀，將末端封起，接著擺在盤中，並淋上少許橄欖油，用刀尖在花瓣上戳洞，加鹽，撒上艾斯伯雷紅椒粉，加入一些水，蓋上一張烤盤紙，然後放入預熱至160℃ -170℃（熱度5-6）的烤箱，烤30至40分鐘。

醬汁：將番茄去皮（浸入沸水中數秒以去皮），切半，去掉植物水和籽，接著將果肉切成小丁。將羅勒切碎，在平底煎鍋中，不放油地焙炒松子。在另一個平底煎鍋中熱少量的油，加入番茄丁，翻炒至番茄丁變軟（compoter），接著加入100毫升的橄欖油、羅勒、松子和胡椒。

擺盤：將一些醬汁擺在餐盤底部，接著和諧地擺上櫛瓜花，並立即上菜。

ASPERGES BLANCHES MALTAISES
馬爾他白蘆筍

6人份
準備時間：30分鐘
烹調時間：40分鐘

INGRÉDIENTS 材料
royale d'asperges 蘆筍蒸蛋
蘆筍梗（queue d'asperge）150克
家禽基本高湯（見24頁）75克
蛋3顆
液狀鮮奶油75克
澄清奶油（見66頁）
鹽、胡椒

蘆筍梗（不含蘆筍尖）12根
蘆筍尖（pointe d'asperge）24根
豌豆50克
維特羅黑紫馬鈴薯（vitelotte）10幾顆

sauce maltaise 馬爾他醬
蛋黃3個
馬爾他柳橙汁（orange maltaise）½顆
澄清奶油200克
檸檬汁½顆

zestes confits 糖漬果皮
柳橙皮1顆
水200克
糖80克

fiition 最後完成
阿菲拉水芹（affila cress）

USTENSILES 用具
電動攪拌器
直徑6公分的薩瓦蘭模（moules à savarin）6個
刨切器
直徑2公分的壓模

在製作這道菜時，請記得將所有蘆筍切下的碎屑收集起來，之後可用來製作美味的濃湯前菜，或是用來製作義式蘆筍燉飯的烹煮高湯。

蘆筍蒸蛋：小心地將150克的蘆筍梗去皮，切成小段，接著以家禽基本高湯、蛋和鮮奶油煮至刀尖可輕易穿透蘆筍。用電動攪拌器打成細碎並調味。用刷子為薩瓦蘭模刷上澄清奶油，將備料倒入模型中，貼上保鮮膜（保鮮膜必須緊貼在備料上），接著在蒸烤箱中以80℃蒸20分鐘。從烤箱中取出，放涼，然後冷凍。

薩瓦蘭的組裝：為其他的蘆筍梗去皮，接著同樣用削皮刀將蘆筍削成薄片（形狀如寬麵tagliatelles）。進行英式汆燙（加鹽沸水）2分鐘，接著瀝乾。將薩瓦蘭模從冷凍庫中取出，將蘆筍蒸蛋脫模，接著再加以冷凍。在薩瓦蘭模內部鋪上熟的蘆筍片，再放入蘆筍蒸蛋，然後仔細地用蘆筍片蓋上，接著倒扣在盤子上脫模。

蔬菜的烹煮：為蘆筍尖進行英式汆燙幾分鐘（蘆筍尖必須保持略硬），瀝乾後從長邊切半對剖並預留備用。將豌豆去殼，英式燙煮10幾分鐘左右，瀝乾後預留備用。

維特羅黑紫馬鈴薯片：用刨切器將馬鈴薯切成薄片，接著用壓模裁切，用170℃的油進行油炸，但不要炸上色。在吸水紙上瀝乾並預留備用。

柳橙皮：取下柳橙皮，但不包含白色中果皮部分，接著切成細碎，在混合水和糖的糖漿中煮15分鐘。瀝乾後預留備用。

馬爾他醬：在沙拉攪拌盆中混合蛋黃和柳橙汁，接著隔水加熱，攪打至混合物變得濃稠、起泡而且滑順。這時混入澄清奶油，接著是檸檬汁，調味並預留備用。

擺盤：將蘆筍蒸蛋擺在盤中央，在周圍淋上一些馬爾他醬，將維特羅黑紫馬鈴薯片擺在蘆筍蒸蛋上，再擺上切半的蘆筍尖。接著用豌豆排成圓環，最後在中央擺上阿菲拉水芹，並在馬爾他醬中加入一些柳橙皮。

ARTICHAUT BARIGOULE

白酒蘑菇燉朝鮮薊

6人份
準備時間：30分鐘
烹調時間：20分鐘

INGRÉDIENTS 材料
帶葉洋蔥（oignons fanes）5顆
胡蘿蔔200克
巴黎蘑菇200克
花椰菜200克
普羅旺斯紫朝鮮薊9顆
煙燻培根（poitrine de porc fumée）
50克
橄欖油300毫升

白色家禽基本高湯（見24頁）500毫升
白酒500毫升

香菜籽1撮
茴香籽（fenouil en grains）1撮
胡椒粒5顆
香料束1束
細鹽

USTENSILE 用具
挖球器

這道奧古斯特・埃斯科菲（Auguste Escoffir）的經典料理，可搭配家禽或魚類上菜，也能佐上煮至恰到好處並以白酒提味的蔬菜，作為一道菜餚來享用。烹煮時請特別留意，讓蔬菜保留些許清脆的口感。

鑲肉：清洗所有蔬菜並去皮。將帶葉洋蔥的莖葉切短，只保留10公分，接著從長邊剖半。用挖球器將胡蘿蔔挖成小球。將蘑菇切成薄片，將花椰菜頂端的花球取下，轉削普羅旺斯紫朝鮮薊（見446頁的技巧），接著剖半，將煙燻培根切成小丁。預留備用。

白酒蘑菇（Barigoule）的烹煮：在大型煎炒鍋（或大型平底煎鍋）中，用橄欖油將洋蔥和煙燻培根炒至出汁，接著加入胡蘿蔔，再度炒至出汁，加入花椰菜花球後再煮一會兒。加入朝鮮薊，最後再加入蘑菇，然後倒入高湯和酒。加入香菜籽、茴香籽、胡椒粒和香料束。蓋上和容器同樣大小的烤盤紙，接著以小火燉煮。在蔬菜煮熟時，將湯汁濃縮並調整調味。立刻上菜或放涼後再上菜。

SALADE MULTICOLORE DE JEUNES POUSSES, RACINES ET FLEURS

嫩葉花根繽紛沙拉

6人份
準備時間：30分鐘
烹調時間：15分鐘

INGRÉDIENTS 材料
紅皮蘿蔔（radis roses longs）1小束
黃瓜1小條
基奧賈甜菜（betterave chioggia）1顆
紅肉甜菜（betterave red meat）1顆
綜合生菜（mesclun de salade）1盒
芥菜苗（pousses de moutarde）1盒
甜菜葉（feuille de betterave）1盒
水菜（mizuna）1小束
野生芝麻菜1小束
野苣1盒
香葉芹1小束

vinaigrette liée 濃稠油醋醬
紅甜椒1顆
大蒜1瓣
紅蔥頭1顆
香料束1束
濃芥末（moutarde forte）1小匙
紅酒醋
橄欖油50毫升
艾斯伯雷紅椒粉
鹽

vinaigrette tranchée 乳化油醋醬
覆盆子醋（vinaigre de framboise）
30毫升
傳統芥末1小匙
葵花油100毫升
胡椒
鹽

fiition 最後完成
琉璃苣花1盒
（或其他可食用花）
烤葵花籽

USTENSILES 用具
電動攪拌器
刨切器

菜的品嚐經常先從眼睛開始，而這道菜肯定會以鮮豔明亮的顏色令您胃口大開。玩弄對比、安排佈局並精心製作油醋醬，讓所有食材都緊密連結在一起。

濃稠油醋醬：可直接用瓦斯爐的爐火「燄燒flamber」甜椒皮，或是擺在極燙的烤箱中幾分鐘，以便輕鬆去皮（見484頁）。去籽，接著將甜椒切小塊，用一些橄欖油、大蒜和切成薄片的紅蔥頭、香料束、一些水、鹽和艾斯伯雷紅椒粉燜煮15分鐘左右。放涼，取出香料束，然後用電動攪拌器攪打所有材料。加入芥末、醋和橄欖油，接著長時間攪打，打至形成乳霜狀、滑順且流動性良好的醬汁。如有需要，可加入一些水以形成更清爽可流動的質地。

乳化油醋醬：在小碗中用打蛋器混合醋、芥末、鹽、胡椒，接著加入油，如果您想要的話，可加入一些水調稀。

生菜沙拉：揀選、清洗並瀝乾所有材料。將紅皮蘿蔔從長邊切成薄片，然後放入冷水中，並加入一些覆盆子醋。將黃瓜削皮，從長邊切成薄片、調味，接著將每條薄片捲成管狀。將甜菜切成圓形薄片、調味，接著灑上覆盆子醋，並用刀為每條薄片從中央朝外劃一些切口，以便能夠折成圓錐形的小杯狀。

嫩葉菜苗的準備：清洗蔬菜的嫩葉和菜苗並瀝乾，擺在吸水紙上（不要擰乾，以免壓碎）。清洗香葉芹並瀝乾，只取葉子的部分（梗可以用來烹煮高湯）。

擺盤：依個人口味，用油醋醬為不同材料調味，接著在盤中交替並和諧地擺上不同形狀和顏色的蔬菜，特別注意要將所有蔬菜排成立體的三度空間！最後擺上一些可食用的花和葵花籽。

ROULEAUX DE PRINTEMPS ET TARAMA

魚子醬春捲

6人份
準備時間：1小時30分鐘
烹調時間：7分鐘

INGRÉDIENTS 材料

rouleaux de printemps 春捲
胡蘿蔔200克
櫛瓜200克
熟明蝦（crevette rose）300克
芝麻油（huile de sesame）20毫升
大蒜1瓣
新鮮生薑2公分
新鮮豆芽（pousses de soja frais）
100克
蠔油（oyster sauce）20毫升
香菜¼小束
米餅（galette de riz）6片
熟米粉（vermicelle de riz）100克
新鮮薄荷葉6片

coulis fruit de la Passion 百香果庫利
百香果肉150克
楓糖漿（sirop d'érable）40克
米醋40克
菜籽油（huile de colza）150克
玉米糖膠（gomme de xanthane）1克

tarama 魚子醬
吐司50克
牛乳100克
煙燻鱈魚卵（œufss de cabillaud
fumés）100克
檸檬汁½顆
菜籽油65克
箭葉橙皮（Zeste de combawa）

USTENSILES 用具
刨切器
電動攪拌器

這道春捲將讓您舌尖遍遊亞洲…配方的對比和獨創性，源於息息相關的調味…一邊是百香果帶來的酸和芳香，另一邊則是魚子醬的甜和柔滑。

製作配菜：用刨切器將胡蘿蔔和櫛瓜從長邊削切，接著再切成細條julienne（bâtonnets）。將蝦子去殼，預留備用。用一些油，連同大蒜和切碎的薑，翻炒胡蘿蔔和櫛瓜條，加入豆芽菜、接著用蠔油稠化，撒上香菜並放涼。

春捲：用溫水將米餅泡軟，接著鋪在濕布上，再鋪上蔬菜條、明蝦、米粉和一片薄荷葉。捲起後保存在陰涼處。

百香果庫利：用電動攪拌器攪打所有材料，調整調味並保存在陰涼處。

魚子醬：用一些牛乳濕潤吐司。將鱈魚卵擺在適當的容器中，連同檸檬汁和瀝乾的吐司一起用電動攪拌器攪打，接著慢慢（少量地）混入油（如同製作蛋黃醬mayonnaise），直到形成想要的稠度。最後再混入一些刨碎的箭葉橙皮來增添香氣。

擺盤：將春捲盛盤，佐上百香果庫利和魚子醬享用。

CRÈME PASSION-POTIMARRON AUX GIROLLES
百香栗子南瓜濃湯佐雞油蕈

6人份
準備時間：30分鐘
烹調時間：20分鐘

INGRÉDIENTS 材料
栗子南瓜800克
韭蔥蔥白（blancs de poireau）2根
奶油50克
家禽基本高湯（見24頁）1公升
法式酸奶油200毫升
百香果庫利100毫升

***garnitures* 配菜**
雞油蕈（girolles）100克
大蒜1瓣
香葉芹1小束
鹽、白胡椒

USTENSILES 用具
電動攪拌器
漏斗型網篩

一道帶有異國甜香的秋季菜餚...用栗子南瓜的甜、搭配百香果的酸，是當季常見的前菜。您也可以加入鳳梨或芒果小丁來裝飾這道菜。

栗子南瓜濃湯：將栗子南瓜切半，去籽，接著切成小塊。將韭蔥蔥白切成薄片，用奶油炒至出汁，加入栗子南瓜塊，接著倒入家禽基本高湯，煮20幾分鐘。加入法式酸奶油，用電動攪拌器攪打，用漏斗型網篩過濾，並加入百香果庫利（保留幾滴作為最後擺盤用）。

製作配菜：將雞油蕈削尖（去除蕈柄末端），並用冷水快速清洗，仔細瀝乾，擺在吸水紙上，接著用奶油炒，並加入壓碎的蒜瓣。

最後擺盤：將栗子南瓜濃湯分裝至湯盤中，接著撒上一些雞油蕈，加入預留的百香果庫利和一些香葉芹。這道濃湯可趁熱或放涼品嚐。

SOUPE AU PISTOU
蔬菜青醬濃湯

6人份
準備時間：1小時30分鐘
烹調時間：30分鐘

INGRÉDIENTS 材料
班杰馬鈴薯400克
小提琴櫛瓜（courgette violon）
400克
大型番茄400克
浸泡過的白豆（haricot blanc
trempé）100克
胡蘿蔔400克
西洋芹200克
嫩韭蔥400克
甜洋蔥200克
蠶豆200克
豌豆200克
通心麵（macaroni）100克
蔬菜高湯（見32頁）1.5公升
或水
粗鹽

pistou 大蒜羅勒青醬
大蒜50克
羅勒½小束
橄欖油200克
陳年帕馬森乳酪50克
辣椒粉（piment en poudre）1撮
鹽

tuiles de parmesan 帕馬森瓦片
帕馬森乳酪50克

USTENSILE 用具
矽膠烤墊（Tapis en silicone）

蔬菜青醬濃湯之於普羅旺斯，就如同義大利雜菜湯（minestrone）之於義大利。一道用料、香氣和質地都非常豐富濃郁的湯品，不只是作為前菜，更可輕易成為一份完整的菜餚。

蔬菜的準備：將馬鈴薯削皮，並保存在冷水中。清洗櫛瓜，接著切去末端，但不要削皮，將番茄去皮（浸入沸水數秒後去皮），去籽並切小塊，接著為白豆進行英式汆燙（加鹽沸水）10幾分鐘；最後，將所有蔬菜（胡蘿蔔、西洋芹、韭蔥、洋蔥）去皮，並切成邊長0.5公分的小丁。

濃湯的烹煮：將蔬菜高湯煮沸，撒上一點粗鹽，接著依烹煮時間的順序加入蔬菜（胡蘿蔔、西洋芹、韭蔥、洋蔥、蠶豆、豌豆、櫛瓜，最後是馬鈴薯和番茄）。

煮麵：另外煮通心麵，瀝乾後切小段，在濃湯烹煮結束前7分鐘時加入湯中。

大蒜羅勒青醬：在研缽中磨大蒜和羅勒葉，接著逐步混入少量的橄欖油，加入從湯中取出的一些番茄丁和馬鈴薯丁，然後繼續磨至形成均勻的泥。最後加入預先刨碎的帕馬森乳酪、鹽和少量的辣椒粉。

帕馬森瓦片：將帕馬森乳酪刨碎，在鋪有矽膠烤墊（或烤盤紙）的烤盤上排成小圓形，接著放入預熱至180℃（熱度6）的烤箱中烤至上色。出爐後放涼。

擺盤：將湯倒入湯盤中，接著在中央擺上1小枝羅勒。將濃湯搭上大蒜羅勒青醬與帕馬森瓦片上菜。

MINI-RATATOUILLE
迷你普羅旺斯燉蔬菜

6人份
準備時間：20分鐘
烹調時間：30分鐘

INGRÉDIENTS 材料
大型洋蔥1顆
櫛瓜2根
茄子1條
紅甜椒1顆
黃甜椒1顆
青椒1顆
球莖茴香½顆
大蒜3瓣
橄欖油
粗鹽

生通心麵（macaronis crus）50克
羅勒葉3片
番紅花
細鹽、白胡椒粉

fiition 最後完成
櫻桃番茄（串收）6顆
帕馬森乳酪刨花些許
羅勒嫩葉（pointes de basilic）6片
鹽漬豬腹肉（ventrèche）50克
烘焙松子20顆
貝羅塔火腿（jambon Bellota）2片
橄欖油

USTENSILES 用具
刨切器
平底煎鍋
燉鍋
小型平底深鍋

這道普羅旺斯燉蔬菜是略加改良過的版本，但成功的關鍵保持不變：將每樣蔬菜分開烹煮，不加蓋，讓植物水蒸發，並讓香氣變得更濃郁。請留意烹煮的狀況，讓蔬菜依舊清脆，通心麵保持彈牙。

蔬菜：仔細清洗蔬菜，將櫛瓜、茄子和洋蔥切成小丁，並保留果皮（先用湯匙挖去茄子的籽）。用爐火或置於烤箱烤架上燄燒（flamber）甜椒，在塑膠袋中密封一會兒後去皮（見484頁），並將果肉切成小丁。將球莖茴香的球莖與葉片分開，球莖切成小丁並燙煮30秒。

普羅旺斯燉蔬菜：在不同的煎炒鍋中，分別以少許橄欖油大火快炒各種蔬菜，接著將火力調小，加入深度1公釐的水、幾顆粗鹽，並以極小的火燉煮。必須以不加蓋的方式烹煮，讓植物水能夠蒸發。務必要讓蔬菜保留些許清脆的口感。將大蒜去皮、去芽，用可淹過的水量，燙煮7次，接著預留備用。煮好後，將蔬菜瀝乾，全放入濾器中。

其他食材的準備：用加入番紅花調味的鹽水煮通心麵，讓麵保留彈牙（al dente）的口感。將大蒜壓碎製成泥。將羅勒切碎，將鹽漬豬腹肉切成小丁，並混入普羅旺斯燉蔬菜。在烤箱中以150℃（熱度5）烘焙松子約10分鐘。在預熱至140℃（熱度4-5）的烤箱中，以少量橄欖油和1瓣大蒜，低溫油漬櫻桃番茄約15分鐘。將火腿片切成細條，並保留肥肉的部分，預留備用。

擺盤：將普羅旺斯燉蔬菜分裝至湯盤中，接著擺上不同的配菜（通心麵、油漬番茄、帕馬森乳酪刨花、羅勒、松子和貝羅塔火腿條）。

GRATIN ISMAËL BAYALDI, SABLÉ PARMESAN
伊斯曼巴雅蒂焗烤帕馬森酥餅

6人份
準備時間：1小時
烹調時間：30分鐘

INGRÉDIENTS 材料
pâte sablée au parmesan
帕馬森酥餅皮
麵粉150克
奶油75克
帕馬森乳酪75克
蛋黃1個
鹽

fondue d'oignons 炒軟的洋蔥
洋蔥200克
奶油50克
橄欖油1大匙

éléments du gratin 焗烤食材
小櫛瓜200克
配菜番茄200克
中型茄子200克
大蒜3瓣
羅勒1小束
艾斯伯雷紅椒粉2撮
優質橄欖油150毫升
百里香花
鹽

USTENSILES 用具
刨切器
10×4公分的長方形壓模6個

這道源自土耳其的料理，基底主要由茄子和洋蔥所組成。這道過去深受巴雅蒂（Bayaldi）的伊瑪目（imam為伊斯蘭教帶領眾人做禮拜的導師）喜愛的配方，如今以普羅旺斯烤蔬菜（tian）的精神將原先的版本重新改良。

pâte sablée 油酥麵團：將麵粉放在您的工作檯上，接著將中間挖出凹槽，加入切丁的冰冷奶油，接著將兩者混合（用指尖搓揉成沙礫狀），加入帕馬森乳酪粉、鹽、蛋黃，接著混合至形成柔軟均勻的麵團（若麵團太乾，可加入一些水）。用手掌略為壓平，以保鮮膜包起，冷藏保存。

洋蔥：將洋蔥去皮並清洗，切成薄片，用奶油和橄欖油翻炒至洋蔥變軟（compoter）且微微上色。預留備用。

蔬菜的準備：清洗蔬菜，將櫛瓜的頭尾切去，並劃出溝紋（canneler），接著用刨切器切成薄片，用細鹽稍微醃漬。茄子也以同樣方式處理。用沸水為番茄去皮，汆燙後放入冰水中冷卻，去皮再切成和其他蔬菜同樣厚度的圓形薄片。在二個煎炒鍋中，各別用少量橄欖油、鹽、1撮艾斯伯雷紅椒粉、一些百里香花和壓碎的蒜瓣，分開炒櫛瓜和茄子。經常用刀尖檢查，判斷烹煮的程度（熟度）。櫛瓜必須保持略硬，而茄子不能過度軟熟。

酥餅：將油酥麵團擀成3公釐的厚度，擺在鋪有烤盤紙（或矽利康烤盤墊silpat）的烤盤上，稍微戳洞，並放入預熱至180℃（熱度6）的烤箱，在烤至中途時（約8分鐘），將烤盤從烤箱中取出，用壓模切成6個長方形，接著再烤額外的8分鐘（酥餅必須烤成金黃色）。從烤箱中取出，擺在網架上放涼備用。

組裝：將長方形的酥餅擺回壓模中，接著在每個酥餅底部擺上炒軟的洋蔥至一半的高度。插入番茄、櫛瓜和茄子片，並盡可能緊密排列。淋上少量橄欖油，撒上百里香花、羅勒嫩葉，接著在預熱至180℃（熱度6）的烤箱中烤5分鐘，並立即上菜。

SALADE
DE TOMATES
番茄沙拉

6人份
準備時間：20分鐘
烹調時間：30分鐘

INGRÉDIENTS 材料
tomates 番茄
綠斑馬番茄（green zebra）2顆
黑番茄（noires de Crimée）2顆
鳳梨番茄（ananas）2顆
綠番茄2顆
馬爾芒德番茄（marmande）2顆
牛心番茄（cœurs-de-bœuf）2顆
串收雞尾酒番茄（cocktails grappe）6顆
切碎的紅蔥頭2顆

assaisonnement 調味
普羅旺斯AOC法定產品橄欖油
雪莉酒醋
細鹽
胡椒粉
百里香花

décoration 裝飾用
蓋瑞格特草莓（fraises gariguette）
6顆
新鮮杏仁12顆
紫羅勒嫩葉（pousses de basilic
violet）4片
鹽之花

鄉村麵包（pain de campagne）12片

USTENSILES 用具
平底深鍋
烤盤（Plaque）

— **FOCUS 注意** —

為了讓這道沙拉盡可能香氣濃郁，
絕對不要將番茄冷藏保存，
而是要存放在室溫下。
請選擇小番茄，
以免在餐盤中份量過多。

品嚐這道菜的樂趣來自於顏色、味道和口感層次。不同品種番茄的選擇與搭配，尤其是烹調方式的多樣性—原味、調味、醃漬、去皮與否—帶來超過預期的享受。

番茄沙拉：仔細清洗番茄，去掉蒂頭（雞尾酒番茄除外）。將馬爾芒德番茄、黑番茄和牛心番茄切成厚3公釐的片狀，擺在盤中，用一些橄欖油上光（用刷子刷塗），加鹽，在室溫下醃漬。

其他番茄的準備：將鳳梨番茄去皮（浸入沸水數秒後去皮—見486頁），接著將每顆番茄切成6瓣（見488頁）。擺在烤盤上，淋上少許橄欖油和極少量的百里香花，接著放入預熱至60℃（熱度1-2）的烤箱烘乾30分鐘。預留備用。將綠斑馬番茄切瓣，放入不鏽鋼盆（或沙拉攪拌盆）中，並加入一些油、醋、鹽和胡椒，醃漬30分鐘（保留浸漬的湯汁，可用來製作美味的沙拉油醋醬）。將綠番茄切半，接著切成厚5公釐的片狀，然後如綠斑馬番茄一樣進行醃漬。將雞尾酒番茄去皮，但保留蒂頭，切下1個小蓋子，接著將內部整個挖空。用一些油、醋和鹽為切碎的紅蔥頭調味，接著填入雞尾酒番茄中，再蓋上蓋子。用保鮮膜包起，在室溫下醃漬30分鐘。

組裝：將醃漬番茄瀝乾，務必要保留湯汁。將切片的馬爾芒德番茄、黑番茄和牛心番茄擺在餐盤底部，並以部分交疊的方式排成同心圓。仔細擺上綠斑馬番茄和綠番茄果瓣，接著是乾燥的鳳梨番茄果瓣。將1個雞尾酒番茄擺在中央。草莓切成條狀，和諧地擺在盤中。將新鮮杏仁敲碎，收集杏仁粒、切半，接著擺在沙拉上。淋上醃漬的油醋醬汁（如有需要可預留一部分的油醋醬）。撒上紫羅勒嫩葉，與幾顆鹽之花。

麵包的擺盤：將鄉村麵包切成細長條，放入預熱至250℃（最大熱度）的烤箱中烤3分鐘，擺在沙拉上，或是在分裝時擺在一旁。

CAVIAR D'AUBERGINES FUMÉES
煙燻茄香魚子

6人份
準備時間：45分鐘
烹調時間：30分鐘

INGRÉDIENTS 材料
茄子600克
番茄180克
橄欖油60克
鹽6克
糖6克
百里香3枝
大蒜1瓣
咖哩
香菜1小束
雪莉酒醋50毫升
長棍麵包1根（製作麵包丁）

USTENSILES 用具
炙烤盤（Lèchefrite）
平底深鍋
電磁爐（Plaque）

這道茄香魚子的特色在於帶有煙燻味。爲了形成這樣的味道，果皮勢必要與火交鋒。若您只有一個電磁爐，請毫不猶豫地投資一把小型噴槍，這項工具在料理時非常萬用。

茄子的烹煮： 直接用爐火（也能用噴槍）烤茄子皮（這會產生煙燻味），接著將茄子用鋁箔紙包起，放入預熱至180℃（熱度6）的烤箱烘烤30分鐘（出爐時質地必須柔軟）。預留備用。

番茄的烹煮： 將番茄去皮（浸入沸水數秒後去皮），將內部掏空（去掉籽和植物水），接著擺在烤箱的炙烤盤上，淋上橄欖油，撒上鹽和糖，加入百里香和大蒜，接著以80℃（熱度2）烘烤1小時。

茄香魚子： 將茄子去皮，用刀將果肉切碎，混入油漬番茄、大蒜和番茄橄欖油。以少量咖哩、切碎的香菜和少量的雪莉酒醋調味，並調整味道。

最後完成： 將長棍麵包切成薄片，烘烤，抹上茄香魚子後品嚐。

PURÉE DE CHOU GRAFFITI
塗鴉花椰泥

6人份
準備時間：45分鐘
烹調時間：20分鐘

INGRÉDIENTS 材料
白花椰300克
綠花椰300克
紫花椰（chou violet）300克
奶油170克
粗鹽100克
水

紫色食用色素（可自選顏色）

USTENSILE 用具
果汁機

這樣的製作法營造出美麗的色彩對比，同時呈現出令人食指大動的視覺效果。爲了讓菜泥的美味提升至極致，請善用菜梗。煮熟後，用果汁機（或手持式電動攪拌棒）攪打花椰菜，延展食材的質地，爲料理賦予絲滑的外觀。

蔬菜的準備：去掉花椰菜的葉子，將菜梗與頂端的花球分開，將菜梗切成小塊，接著將白花椰和綠花椰（及菜梗）各別以加了鹽的沸水燙煮，紫花椰則以不加鹽的沸水燙煮。

菜泥：將3種花椰菜瀝乾（保留煮紫花椰的水），接著分別放入果汁機中，並加入冷奶油（白花椰30克，綠花椰70克，紫花椰70克）攪打。將燙煮紫花椰的水濃縮至形成鏡面般的質地，接著混入紫花椰的菜泥中（或加入一些食用色素）。

最後完成：可搭配煎干貝或烤羔羊腿擺盤。

SALADE DE CAROTTES
胡蘿蔔沙拉

6人份
準備時間：30分鐘
烹調時間：6分鐘

INGRÉDIENTS 材料
帶葉的橙色胡蘿蔔（carotte fane
orange）3根
黃色胡蘿蔔3根
紫色胡蘿蔔（carotte violette）3根
摩洛哥綜合香料（ras-el-hanout）3撮
蜂蜜3大匙
綠葡萄乾（raisin sec）3大匙
水200克
橙花水50克
香菜¼小束
松子（pignons de pin）30克
未經加工處理的黃檸檬1顆
橄欖油
鹽、胡椒

USTENSILE 用具
刨切器

這道富有中東風情的彩色沙拉，成功關鍵就在於主要食材的精挑細選。最好選擇傳統品種的有機栽培胡蘿蔔（或是小型農業細心栽培的胡蘿蔔），以確保獲得極致的美味。

胡蘿蔔的準備：將胡蘿蔔削皮、清洗，並用刨切器從長邊切成薄片，接著將不同顏色的胡蘿蔔分別放入平底煎鍋中，以橄欖油煎炒，務必要保留清脆的口感。烹煮結束時，加入1撮摩洛哥綜合香料和1大匙的蜂蜜，接著攪拌至胡蘿蔔散發出光澤。放涼。

葡萄乾的烹煮：將葡萄乾用水和橙花水煮沸，離火後讓葡萄乾膨脹20分鐘。再瀝乾預留備用。

最後完成：將香菜的葉片摘下預留備用。在不放油的平底煎鍋中，以中火焙炒松子，經常翻動，之後放涼預留備用。在大型的沙拉攪拌盆中，放入所有的胡蘿蔔片，加入香菜、松子，刨下黃檸檬皮，淋上少許橄欖油，輕輕攪拌均勻後和諧地擺在盤中。

TRANCHES D'AUBERGINES, MARMELADE DE TOMATE, JUS AU PISTOU
茄子片佐番茄青醬

6人份
準備時間：30分鐘
烹調時間：45分鐘

INGRÉDIENTS 材料
中型茄子3顆
橄欖油200毫升
紅甜椒1顆
洋蔥100克
肉排番茄（tomates steak）500克
糖20克

pistou 羅勒青醬
未刨碎的帕馬森乳酪100克
松子100克
大蒜1瓣
羅勒1小束
橄欖油150克

beignets de mozzarella
莫札瑞拉乳酪多拿滋
莫札瑞拉乳酪2球
麵粉
韓國麵包粉（chapelure coréenne）
½包
蛋白200克

fiition 最後完成
尼斯黑橄欖150克
帶梗酸豆100克
芝麻菜10克
帕馬森乳酪刨花40克

USTENSILE 用具
電動攪拌器

—— **FOCUS 注意** ——

為避免茄子吸收過多油脂，
可預先進行蒸煮。

這道菜餚聚集了二種夏季的食材，因而具有可口的南方氣息。為了變換樂趣，可選擇不同品種的茄子，並在餐盤中營造出對比。

茄子的準備：從長邊將茄子切成6大片，並保留茄子的皮和蒂頭（其餘切下的部分可作為其他用途，例如茄香魚子），加鹽和胡椒，接著在平底煎鍋中，用一些橄欖油煎茄子兩面，最後再放入預熱至210℃（熱度7）的烤箱中烘烤。取出預留備用。

番茄甜椒醬：用噴槍或瓦斯爐的爐火炙燒甜椒果皮（見484頁）。在甜椒皮變黑時，用鋁箔紙包起，接著放入冷水中，去皮後切成細條狀。將洋蔥切成小丁，以橄欖油炒至出汁。將番茄去皮（浸入沸水數秒後去皮—見486頁），將內部挖空（去掉籽和植物水），將果肉切小塊，並加進炒至出汁的洋蔥中。繼續翻炒，接著加入甜椒，並續煮至整體的水分收乾。如有需要，您可加入一些糖。

羅勒青醬：在電動攪拌器中攪打帕馬森乳酪、以120℃烘烤10分鐘的松子、大蒜、羅勒葉（保留嫩葉作為裝飾）和橄欖油。

莫札瑞拉乳酪多拿滋：將乳酪球切成6塊，以麵粉、蛋白、韓國麵包粉進行英式裹粉anglaise，接著以180℃油炸3分鐘。

擺盤：在每片茄子上鋪上一些番茄甜椒醬，接著擺上1塊莫札瑞拉乳酪多拿滋、幾顆黑橄欖和幾顆酸豆、一些羅勒青醬、1至2片的羅勒嫩葉、幾片芝麻菜嫩葉和一些帕馬森乳酪刨花。

PETITS POIS
À LA FRANÇAISE
FAÇON VÉGÉTARIENNE
蔬食法式豌豆

6人份
準備時間：20分鐘
烹調時間：15分鐘

INGRÉDIENTS 材料
幼嫩的大頭蔥（petits oignons
nouveaux）1小束
萵苣（laitue）½顆
奶油80克
去殼新鮮豌豆400克
糖15克
蔬菜高湯（見32頁）300毫升
香料束1束
奶油20克（最後完成用）
雪莉酒醋
鹽、胡椒

USTENSILE 用具
煎炒鍋

簡單的食譜，但卻出奇美味。豌豆的季節很短，請毫不猶豫地大快朵頤。一如往常，未加工食材的選擇非常重要，請嚴格挑選新鮮的豌豆，這樣才能在烹煮和品嚐時展現出鮮味。

大頭蔥和沙拉：將大頭蔥剝皮，並保留部分的蔥綠，將較大的大頭蔥切半。將萵苣的葉片摘下、清洗、瀝乾，然後切成細條狀 chiffonnade。

豌豆的烹煮：在煎炒鍋中將奶油加熱至融化，在奶油起泡時加入大頭蔥，翻炒但不上色，接著加入萵苣條和豌豆。加鹽、胡椒和糖。倒入蔬菜高湯，將香料束擺在中央，接著微滾15分鐘。最後加入20克的奶油和少量的醋。

擺盤：擺入沙拉攪拌盆，或是湯盤中上菜。

CRÈME DE CHÂTAIGNE
栗子奶油濃湯

6人份
準備時間：30分鐘
烹調時間：1小時

INGRÉDIENTS 材料
fond blanc de volaille
家禽基本高湯
家禽骨架和修切下的肉塊1公斤
胡蘿蔔2根
洋蔥1顆
韭蔥½棵
紅蔥頭2顆
西洋芹1枝
香料束1束
丁香1顆
大蒜1瓣

crème de châtaigne 栗子奶油濃湯
韭蔥蔥白80克
巴黎蘑菇100克
奶油20克
熟栗子150克
液狀鮮奶油100毫升
高脂鮮奶油100毫升
栗子碎屑50克
松露油幾滴
生栗子幾片

USTENSILES 用具
漏斗型濾器
電動攪拌器

這是一道可口的秋季濃湯，滑順且撫慰人心。請盡情加入熟栗子或生栗子丁來改良配方，為菜餚增加些許清脆口感。節慶時，您也可以在上菜前加入一些肥肝丁。

家禽基本高湯：去掉家禽骨架中肺等部位，將骨架切小塊，放入燉鍋，用2公升的水淹過，接著煮沸，並小心撈去浮沫。將蔬菜削皮並切成骰子塊（mirepoix），接著和蒜瓣、香料束及丁香一起加進高湯中。微滾約1小時。用漏斗型濾器過濾，去掉油脂，保存在燉鍋中，並濃縮至剩下350毫升。

栗子奶油濃湯：將韭蔥蔥白和蘑菇切成薄片，在深的平底鍋中以少量的奶油炒至出汁，接著加入熟栗子。用奶油包覆栗子，以小火緩慢翻炒，接著倒入濃縮的家禽基本高湯、二種鮮奶油，並小心地以電動攪拌器攪打。再度煮沸並調味。濃湯必須呈現絲滑液狀，而不要過稠。

擺盤：在湯盤底部擺上栗子碎屑，倒入煮沸的栗子奶油濃湯，最後再加上幾片用削皮刀切成薄片的生栗子，和幾滴松露油。立即上菜。

POTAGE FRAÎCHEUR CULTIVATEUR
農夫鮮蔬湯

6人份
準備時間：35分鐘
烹調時間：15分鐘

INGRÉDIENTS 材料
黃色胡蘿蔔1根
韭蔥1顆
金球蕪菁1顆
（或蕪菁甘藍 rutabaga）
歐防風1根
羽衣甘藍 ¼ 顆
BF15馬鈴薯2顆
法國四季豆100克
奶油50克

bouillon 高湯
鴨油50克
（或奶油50克）
水1公升
（或家禽基本高湯1公升）
鹽、胡椒

croustilles de pain 脆麵包
鄉村麵包1塊
愛摩塔乳酪絲（emmental râpé）50克

細香蔥1小束

USTENSILES 用具
平底深鍋
刨切器

—— **FOCUS 注意** ——

為了增添鄉間的氣息，您可加入預先煮
熟的豬五花或其他肉塊。

只要使用當令的蔬菜並變換顏色，這道菜餚便能輕易依不同的季節而做調整。成功的祕訣就在於不要過度烹煮蔬菜，讓蔬菜湯保留美味的鮮度。

蔬菜的準備：將所有蔬菜清洗、去皮，並修整，接著切成輕薄規則的三角形（羽衣甘藍切成1公分的方形薄片）。

蔬菜的烹煮：在平底深鍋中，將鴨油（或奶油）加熱至融化，將胡蘿蔔、韭蔥和羽衣甘藍炒至出汁，接著加入蕪菁、金球蕪菁和歐防風。倒入水（或家禽基本高湯），調味並煮至微滾，再續煮幾分鐘，接著加入切丁的馬鈴薯和四季豆。再煮12分鐘左右並調整調味。

脆麵包：將鄉村麵包斜切成比例相當的薄片，撒上愛摩塔乳酪絲，放入烤箱烤至略略上色。

擺盤：將蔬菜湯倒入湯盤中，撒上切碎的細香蔥，並搭配一旁的脆麵包上菜。

TAGLIATELLES DE CÉLERI À LA TRUFFE

松露西洋芹寬麵

6人份
準備時間：30分鐘
烹調時間：10分鐘

INGRÉDIENTS 材料
塊根芹（céleri-rave）600克
檸檬汁30克
粗鹽10克
橄欖油30克
奶油60克

fiition 最後完成
黑松露20克
奶油60克

USTENSILES 用具
刨切器
檸檬榨汁器（Presse-citron）
煎炒鍋

這是饒富興味且獨特的素食寬麵版本。完美的蔬食，也是令人驚喜的塊根芹烹調方式。這道料理可以「松露」版本熱騰騰地享用，或是搭配雷莫拉醬（rémoulade 芥末蛋黃醬）以冷盤的方式品嚐。

塊根芹的準備：將塊根芹削皮，切成1至2公釐厚的薄片，接著再切成與寬麵（tagliatelle）同樣大小的薄長條，在檸檬汁和粗鹽中醃漬30分鐘。

塊根芹的烹煮：沖洗塊根芹長條，在煎炒鍋中加熱橄欖油和奶油，放入塊根芹，蓋上與煎炒鍋同大的烤盤紙，加蓋，以小火煮至塊根芹長條變為半透明。

最後完成：烹煮結束時，加入切碎的松露（或切成片狀），並用奶油稠化。搭配野味或烤海螯蝦來享用這道塊根芹寬麵。

MILLEFEUILLE
DE LÉGUMES D'AUTOMNE
秋季蔬菜千層派

6人份
準備時間：45分鐘
烹調時間：1小時
提前24小時準備

INGRÉDIENTS 材料
班杰（bintje）或尼可拉（nicola）
馬鈴薯250克
沙岸大型胡蘿蔔200克
歐防風200克
南瓜200克
液狀鮮奶油125克
鹽
胡椒
肉豆蔻

USTENSILES 用具
火腿切片機或刨切器
長方形烤盤（Plat rectangulaire）

這道菜的靈感來自焗烤馬鈴薯（gratin dauphinois），以小火慢燉的方式，用鮮奶油低溫油漬蔬菜。其獨創性在於結合當季不同的根莖蔬菜，並以色彩鮮明的千層派造型呈現。在焗烤派皮上壓重物，讓蔬菜彼此之間能夠完美地融合。

蔬菜的準備：清洗所有蔬菜並去皮，接著用火腿切片機（或刨切器）將馬鈴薯裁成2公釐厚的帶狀。用刨切器將其他蔬菜切成2公釐的薄片。

千層派的烘烤：在高5公分的正方形或長方形的烤皿內鋪上一張烤盤紙，接著依序鋪上一層胡蘿蔔、一層馬鈴薯、一層南瓜和一層歐防風（每種都預先浸過鮮奶油），讓各種蔬菜交錯堆疊，並在鋪上每層蔬菜之間進行調味。鋪上三層，最後疊上馬鈴薯，接著淋上調味的鮮奶油。蓋上烤盤紙，在預熱至170℃（熱度5-6）的烤箱中烤45分鐘至1小時。用刀檢查熟度，刀身應能輕易地插入。從烤箱中取出，放涼，在表面壓上重物，冷藏保存24小時。

隔天：在砧板上為蔬菜千層派脫模，去掉烤盤紙，接著切成8×4公分的長方形。包上保鮮膜，微波加熱後再盛盤享用。

GARNITURE AUTOMNALE
秋季配菜

6人份
準備時間：1小時30分鐘
烹調時間：1小時20分鐘

INGRÉDIENTS 材料
Fruits 水果
榲桲（coing）200克
檸檬1顆
糖40克
蘋果酒醋100毫升

légumes 蔬菜
蕪菁350克
迷你紅甜菜（mini-betteraves
rouges）125克
栗子南瓜150克
蔬菜高湯（見32頁）1.5公升
奶油80克
砂糖10克

girolles 雞油蕈
雞油蕈的蕈傘（girolle clou）100克
鴨油（graisse de canard）50克
奶油40克
紅蔥頭70克
大蒜1瓣

châtaignes 栗子
辛香煙燻鹽漬豬腹肉（ventrèche
épicée et fumée）150克
奶油40克
熟栗子12顆
（真空包裝）
蔬菜高湯250毫升

salsifis 婆羅門參
婆羅門參200克
檸檬1顆
橄欖油50毫升
大蒜2瓣
月桂葉
鹽
白胡椒粉

USTENSILE 用具
煎炒鍋

此料理是這個季節的完美寫照。組合所有秋季的蔬菜，再加上色彩、質地和味道的層次堆疊，形成烤肉和烤家禽的完美配菜，但它本身也能作爲一道完整的主菜。

水果的準備：將榲桲削皮、挖去果核並抹上檸檬汁。在煎炒鍋中，將糖煮成焦糖（不加水），接著將榲桲加入煮至外層裹上焦糖。倒入蘋果酒醋燉煮，務必不要讓水果過度上色。如有需要，您可加入一些蔬菜高湯或水。

蔬菜的烹煮：將蕪菁削皮並轉削（用水果刀削成長橢圓形）。保留迷你甜菜的葉片，進行削皮。將栗子南瓜削皮，去掉籽和粗纖維，接著切成均等的塊狀。將所有蔬菜分開燉煮，進行不上色亮面煮（glaçage à blanc）（蔬菜高湯、鹽、胡椒＋奶油＋糖，後二者僅用於蕪菁）。

雞油蕈的烹煮：修整雞油蕈並快速清洗。將紅蔥頭切成很小的丁，將大蒜壓碎。用鴨油以旺火油炒雞油蕈，加鹽、胡椒，接著瀝乾，再度以榛果奶油（加熱至形成榛果色的奶油）炒至上色。在烹煮結束時加入切碎的紅蔥頭和壓碎的大蒜。

栗子：將豬腹肉切成小條，用奶油炒至出汁，加入熟栗子和蔬菜高湯。持續保持微滾至烹煮湯汁幾乎完全收乾。

婆羅門參的烹煮：將婆羅門參削皮至較淺色（較軟）的部分，斜切成小段，保存在檸檬水中直到烹煮的時刻。用熱的橄欖油炒至出汁但不上色，再用檸檬水淹過，加入壓碎的蒜瓣、月桂葉、鹽和胡椒粉。微滾至婆羅門參軟化。

擺盤：將這些配菜擺在湯盤中，或是隨興地擺放在肉塊或家禽肉塊的周圍。

FRICOT DE LÉGUMES D'HIVER
冬蔬燉肉

6人份
準備時間：20分鐘
烹調時間：30分鐘

INGRÉDIENTS 材料
沙岸胡蘿蔔 200 克
歐防風 200 克
塊根芹 100 克
紅蔥頭 100 克
栗子南瓜 200 克
香葉芹球莖（cerfeuil tubéreux）
100 克
平葉巴西利根（racines de persil）
100 克
羅斯瓦紅皮馬鈴薯（pommes de terre
roseval）200 克
菊芋 200 克
大蒜 2 瓣
半鹽奶油 150 克
百里香 1 枝
月桂葉 1 片
水或蔬菜高湯（見 32 頁）
胡椒

USTENSILES 用具
半月形壓模
鑄鐵燉鍋＋蓋子

—— **FOCUS 注意** ——

這道蔬菜鍋可以是完美的蔬食料理，
亦可搭配白肉品嚐。

這道配方可依季節使用各種蔬菜來製作。成功的關鍵在於將每樣蔬菜煮至焦糖色，因為加熱至此階段可賦予它們獨特的風味，也確保它們耐久煮。

蔬菜的準備：將所有蔬菜去皮。將胡蘿蔔從長邊切成 4 塊，接著切成斜菱形，將歐防風切成大的圓形薄片，塊根芹切成長 5 公分的長方體，紅蔥頭從長邊切半。栗子南瓜切片，接著用壓模切成半月形。香葉芹球莖和平葉巴西利根從長邊切半。依馬鈴薯的大小而定，將馬鈴薯切成 4 塊或 6 塊。保留菊芋的完整和大蒜的皮。

烹煮：在燉鍋中將奶油加熱至融化，在奶油起泡時加入紅蔥頭和胡蘿蔔，稍微煮至形成焦糖化（caraméliser）。接著其他的蔬菜都以同樣方式進行。加入大蒜、百里香、月桂葉，並用水或蔬菜高湯淹至一半高度，加蓋，放入預熱至 180℃（熱度 6）的烤箱烤 30 分鐘。確認烹煮程度（用刀尖刺入）並調味，如有需要可延長烹煮時間。若不需要，請將燉鍋不加蓋地置於爐火上，將湯汁濃縮，讓蔬菜上光（必須略略帶有光澤）。

POIREAUX
AU MISO BRUN
紅味噌韭蔥凍

6人份
準備時間：40分鐘
烹調時間：20分鐘
靜置時間：2小時

INGRÉDIENTS 材料
韭蔥6棵
柚子1顆
乾昆布（algue kumbu désydratée）
100克
柴魚片（bonite séchée râpée）20克
紅味噌（miso brun）1大匙
洋菜3克

*sauce*醬汁
蛋黃1個
味噌50克
米醋200毫升
葵花油150毫升
液狀鮮奶油200毫升

*garnitures*配菜
韭蔥嫩苗（pousses de poireau）1盒
甜菜嫩苗（pousses de betterave）1盒
米醋40毫升
艾斯伯雷紅椒粉
芝麻油（huile de sésame grillée）
100毫升
鹽

*dressage final*最後擺盤
食用黃色三色菫（pensée jaune）1盒

USTENSILES 用具
漏斗型網篩
平底深鍋
長方形烤盤或陶罐

爲了確保在品嚐時不會太鹹，請勿在煮韭蔥的水中加鹽，並加入適量的味噌，而且經常試味道。上菜時，爲了讓凍派保持漂亮的形狀，請勿切得太薄。

韭蔥的準備：清洗韭蔥，將部分的蔥綠切下，接著用繩子綁起，在不加鹽的水中煮15分鐘。瀝乾後，在韭蔥還溫熱時撒上細條狀的柚子果皮和過濾的柚子汁。

昆布的準備：將昆布浸泡在冷水中20分鐘，接著在500毫升的水中煮至微滾，續煮20分鐘。加入柴魚片，浸泡幾分鐘，用漏斗型網篩過濾，接著加入1大匙的味噌（可依個人喜好的鹹度增減）。煮至微滾，加入洋菜，保持微滾一會兒。

凍派：爲陶罐或長方形烤盤鋪上保鮮膜，在底部倒入仍溫熱的味噌凍，接著擺上韭蔥，以頭對腳一正一反的方向緊密排列。立刻再蓋上味噌凍，接著蓋上昆布。稍微按壓，冷藏2小時。

醬汁：以製作蛋黃醬的方式製作醬汁，用味噌取代芥末，並加入米醋以增加酸度。先從油開始，最後再加入液狀鮮奶油。攪打至形成漂亮的流動質地。

製作配菜：混合二種蔬菜嫩葉，以米醋、艾斯伯雷紅椒粉、芝麻油和鹽調味。預留備用。

擺盤：輕輕將韭蔥凍派切成幾塊長方形，取一塊擺在餐盤上，用二種嫩苗在昆布上擺成立體狀，接著將三色菫擺成三度空間。最後在餐盤旁邊淋上幾道的味噌醬汁。

6人份
準備時間：1小時30分鐘
烹調時間：1小時30分鐘

INGRÉDIENTS 材料
黃甜菜 2 顆
帶皮大蒜 1 瓣
百里香 1 枝
橄欖油 50 克
基奧賈甜菜（betterave chioggia）1 顆
圓頭紅甜菜 1 顆
帶葉圓頭迷你甜菜 6 顆
糖 30 克
奶油 25 克
卡保汀甜菜（betterave crapaudine）1 顆
鹽之花
胡椒
吐司 6 片

garnitures 配菜
黑松露（truffe melanosporum）30 克
綠菾蓮茱嫩葉（pousse de blette verte）40 片
紅菾蓮茱嫩葉（pousse de blette rouge）40 片
有機蛋（œufs bio）4 顆
鵪鶉蛋（œufs de caille）6 顆
甜菜汁 200 克
細香蔥 1 小束
小馬鈴薯 15 顆

vinaigrette à la truffe 松露油醋醬
雪莉酒醋 10 克
紅酒醋 10 克
松露原汁 25 克
花生油 150 克
鹽 2 克
胡椒 1 克
松露碎屑 2 大匙

USTENSILES 用具
直徑 2 公分的壓模
煎炒鍋
烤盤紙
火腿切片機
日式刨切器
10 公分的法式塔圈（cercles à tarte）6 個

SALADE MÊLÉE BETTERAVE ET TRUFFE
甜菜松露混搭沙拉

這道配方混合了根莖作物的簡樸和菇類的奢華，二種土生作物的味道在盤中邂逅。您也能選擇其他品種的甜菜來增加色彩，也可以使用熱的甜菜搭配其他冷的食材來營造溫度的對比。

各個甜菜的準備： 在紙包中放入整顆的黃甜菜、大蒜、百里香和橄欖油，放入預熱至180℃（熱度6）的烤箱烤1小時。從烤箱取出，去皮後切成邊長2公分的塊狀，預留備用。將基奧賈甜菜去皮，刨成片再用壓模切成小圓片，並保存在冰水中。將圓頭迷你甜菜去皮，接著在煎炒鍋中，用糖、奶油和淹至一半高度的水進行不上色亮面煮（glaçage à blanc）。加鹽、胡椒，蓋上烤盤紙（煎炒鍋同大小的圓形烤盤紙），將湯汁濃縮。為卡保汀甜菜進行英式汆燙（加鹽沸水），瀝乾、去皮，並切成三角形的塊狀。

吐司脆片： 用擀麵棍將吐司麵包片擀平，接著切成長方形，塗上融化的奶油，夾在二張矽膠烤墊之間，放入預熱至170℃（熱度5-6）的烤箱烤幾分鐘，將吐司烤至酥脆。預留備用。

製作配菜： 用日式刨切器將新鮮松露刨成片。清洗菾蓮茱嫩葉並擰乾。以沸水煮蛋10分鐘，以冷水冰鎮、剝殼，接著將蛋黃和蛋白分開，分別以網篩過濾成蛋碎。以沸水煮鵪鶉蛋5分鐘，以冷水冰鎮，接著將殼敲裂，浸入甜菜汁中1小時，以形成漂亮的大理石花紋。將小馬鈴薯削皮並進行轉削（用水果刀削成長橢圓形—見504頁），接著進行英式汆燙（加鹽沸水）。

松露油醋醬： 用電動攪拌器攪打所有材料，在上菜時加入松露碎屑。

擺盤： 將細香蔥切碎，用油醋醬為甜菜調味，接著將法式塔圈擺在餐盤中，並將備料擺在塔圈中，先放水煮蛋沙拉（œufss mimosa）（混合蛋黃和蛋白碎）、細香蔥，接著是所有用油醋醬調味的甜菜，最後是所有的配菜。將塔圈移除，撒上胡椒粉和鹽之花，上菜。

TATIN D'ENDIVES
À L'ORANGE
柳橙苦苣塔

6人份

準備時間：30分鐘
烹調時間：15分鐘

INGRÉDIENTS 材料

苦苣（endives） 15顆
砂糖100克
柳橙汁4顆
奶油50克
折疊派皮（pâte feuilletée）200克

zestes d'oranges confits 糖漬橙皮

柳橙2顆
水150毫升
糖75克
八角茴香½顆

USTENSILES 用具

直徑8公分的特福模型（moule Téfal）
6個
烤盤2個

在這個季節，若您能夠買到在地上生長的真正苦苣，這道菜餚將會呈現出另一種風貌。就如同翻轉蘋果塔，請格外小心地將苦苣煮成焦糖化，並仔細挑選您的折疊派皮。

橙皮： 仔細清洗柳橙，收集果皮，但不包含白色的中果皮部分，切成小丁，放入煎炒鍋中，並加入水、糖和半顆八角茴香，接著煮沸，以極小的火燉煮至形成濃稠的糖漿狀，預留備用。

苦苣的烹煮： 從12顆苦苣中收集36片漂亮的葉子，浸入2公升加鹽的沸水中30秒，接著擺在濕布上，用保鮮膜包起，預留備用。在煎炒鍋中倒入糖和柳橙汁，以小火煮至形成充分上色的焦糖，接著加入奶油，攪拌均勻後將煎炒鍋底部浸入冷水以停止餘溫加熱。將其他苦苣去掉苦苣心，將苦苣切成大段，放入煎炒鍋中，開火，以小火極緩慢地烹煮，讓苦苣釋放出植物水，煮至稍微軟爛並呈現漂亮的金黃色。預留備用。將糖漬橙皮瀝乾，混入煮好的苦苣中，調味。保存糖漿，並在上菜時為塔上光。

折疊派皮的烘烤： 將折疊派皮擀成3公釐的厚度，用叉子（或麵皮打孔器rouleau pique vite）戳洞，翻面，並裁成直徑10公分的圓。擺在鋪有烤盤紙的烤盤上，冷藏保存至少30分鐘。從冰箱中取出，蓋上一張烤盤紙，再蓋上第二個烤盤，放入預熱至200℃（熱度7）的烤箱中烤10至15分鐘，烤至形成漂亮的金黃色。從烤箱取出，預留備用。

塔的組裝： 每個模型擺入6片苦苣葉，排成「雛菊marguerite」狀，葉片的尖端朝向中央，並讓葉片超過模型邊緣，擺上熟苦苣，用葉片仔細包起，放入預熱至至200℃（熱度7）的烤箱中烤約10分鐘。將模型從烤箱中取出，倒扣在折疊派皮底部，刷上橙皮糖漿為苦苣增添光澤，立即上菜。

ACRAS DE BUTTERNUT
油炸奶油南瓜球

油炸球通常會使用鱈魚（morue）來製作，因爲這道菜源自葡萄牙或安地列斯群島（Antilles），作爲開胃菜品嚐。這道油炸奶油南瓜球提供了另一種令人驚豔且獨特的蔬食選擇。

6人份
準備時間：30分鐘
靜置時間：1小時
烹調時間：5分鐘

INGRÉDIENTS 材料
奶油南瓜125克
大頭蔥1顆
大蒜1瓣
平葉巴西利3枝
麵粉125克
酵母粉（levure）5克
鹽、胡椒
卡宴紅椒粉
蛋1顆
牛乳125克

rougail 香辣番茄醬
番茄5顆
大頭蔥（oignon nouveau）1顆
紅甜椒1顆
燙煮大蒜3瓣
安地列斯辣椒（piment antillais）
¼顆
香菜 ¼ 小束
黃檸檬汁2顆
橄欖油150克
雪莉酒醋10克

油炸用油

USTENSILE 用具
油炸鍋

油炸球：將奶油南瓜削皮並刨碎。大頭蔥去皮並切成細碎。大蒜和平葉巴西利切碎，預留備用。在沙拉攪拌盆中同時放入麵粉、酵母粉、鹽、胡椒和卡宴紅椒粉，用打蛋器攪拌，接著加入蛋，並緩慢地加進牛乳，以免結塊。加入奶油南瓜、大頭蔥、大蒜和平葉巴西利，加蓋，靜置至少1小時。

烹煮：熱油（注意，不能冒煙），接著用2根小湯匙放入整形成球狀的麵糊，以製作油炸球。在油炸球浮至油的表面，且呈現漂亮的金黃色時，用叉子翻面，接著停止烹煮，舀起擺在吸水紙上瀝乾。

香辣番茄醬：將番茄去皮（浸入沸水中數秒以輕鬆去皮—見486頁），接著切丁。將大頭蔥去皮並切碎，將甜椒去皮、去籽並切丁，將大蒜去皮，並用削皮刀（或刨切器）刨成片，將辣椒切成末，香菜切碎，接著全部和檸檬汁、油及醋一起混合。品嚐時請搭配這道醬料來享用油炸球。

LES LÉGUMES SECS

Recettes

乾豆類食譜

Les légumes secs
乾豆類

「*Les légumes secs*乾豆類」用來稱呼所有以自然方式乾燥的豆類。其香味、顏色和質地非常多變,而且也是富含營養的食物來源。以乾豆類為基底的料理方式通常很簡單,而且既可作為日常的菜餚,也可以作為節慶時的大餐享用。

*Les légumes secs*乾豆類為豆科植物成熟後以乾燥方式保存的種子。被歸類在這個家族中的包括菜豆(小菜豆fla-geolet、金條lingot、法式白豆coco、紅豆rouge)、扁豆(普伊或貝瑞綠扁豆verte du Puy ou du Berry、普拉內金黃扁豆blonde de la Planèze、香檳區粉紅扁豆rose de Champagne、土耳其或印度的紅扁豆rouge ou corail de Turquie ou d'Inde)、豌豆(圓豌豆rond、碎豌豆cassé、鷹嘴豆chiche)和蠶豆(蠶豆fève和破碎小蠶豆févette cas-sée)。

乾豆類為優質的營養來源,富含鐵質、微量元素,並提供和魚類、肉類同樣多的蛋白質。

乾豆類可熱食,也能冷食,作為濃湯、沙拉,和製成配菜。它們也是大量法國經典美食的成分之一,如砂鍋燉肉(cas-soulet)、扁豆鹹肉(le petit-salé aux lentilles)或聖日耳曼蔬菜濃湯(potage Saint-Germain)。

Conseils des chefs
主廚建議

購買時請注意日期。最好購買製造日期一年內的。
絕對不要在煮乾豆類的水中加鹽,
因為鹽會妨礙它們的烹煮。
因此,請在烹煮完全結束時再進行調味。

---

*Avant de les cuisiner*乾豆類家族

四季豆又稱菜豆(Les haricots)的農學發展必須歸功於十六世紀末期以來的僧侶,另一方面,四季豆則是在凱薩琳·梅迪奇(Catherine de Médicis)於1530年和法國王儲結婚時引進法國。四季豆的家族非常廣大。儘管我們熟知塔貝豆、法式白豆或旺代豆(mogettes de Vendée),但法國生產的種類相當繁多。

***Le coco de Paimpol*法式白豆**:產於布列塔尼(Bretagne)(阿摩爾濱海省Côtes d'Armor),這是唯一享有AOP的豆類。它珍珠白的顆粒體型較小。在7月至9月新鮮採收,便可輕易地以冷凍保存。

***Le flageolet*小菜豆**(或稱希維爾豆chevrier):小菜豆因為是在完全成熟前採收,因而形成細緻的綠色外皮。

***Le lingot du pays ariégeois*阿列日地區金條豆**:這種長形白豆在阿列日谷地(vallée de l'Ariège)細緻的沙質土壤中生長。

***Le lingot du Nord*北部金條豆**:這種金條豆以傳統方式在弗朗德丘陵(monts de Flandre)山腳下的百合谷地(vallée de la Lys)生產。它的果皮細緻,質地柔軟。

***La mogettes de Vendée*旺代白豆**:種植於旺代盆地,這種白豆的特色在於它的形狀略呈長方形,白色的豆子極具光澤,並具有細緻的外皮。

***Le pois du Cap*利馬豆**:這種豆子主要產於馬達加斯加地區,豆子呈白色扁平狀,體型大,是波旁島(îles Bourbon)基本的糧食之一。

Le haricot de Soissons 皇帝豆：自十八世紀起便種植於法國的埃納省（Aisne），其特色在於它獨特的大小、象牙白色和它細緻的味道。

Le haricot tarbais 塔貝豆：紅標說明了它的品質，IGP劃定了它在上庇里牛斯省（Hautes-Pyrénées）的產區。它的特色是種子的體積大，質地軟，口感也不會粉粉的。

Le haricot noir 黑豆：巴西料理的基礎，可為圓形或長形。

Les lentilles 扁豆

扁豆起源自肥沃的兩河流域，顯然是人類最早種植的豆科植物。埃及人非常喜歡扁豆，亞述人也是；古希臘的窮人會食用它，接著扁豆的種植很快地變得越來越普及，而且成了近東、北非和印度廣大人口的基本糧食。但一直到第一次世界大戰末期，扁豆的種植才擴及美國和加拿大。在法國，扁豆自青銅時期便已廣為人知。

長久以來一直被視為窮人的食物，人們今日卻因其健康價值而食用扁豆。可以製作湯、製成泥和燉煮的方式食用。扁豆的種類繁多，而且經常以其顏色為名：棕色、綠色、紅色或金黃色。

La lentille verte du Puy 普伊綠扁豆：自2009年獲得AOP，在上盧瓦爾省（Haute-Loire）的87個市鎮種植。可從其獨特的顏色和味道加以辨識。

La lentille verte du Berry 貝瑞綠扁豆：種植於貝瑞平原（campagne berrichonne），可從紅標加以辨識。綠色的皮帶有藍色的光澤，味道令人聯想到栗子和榛果。

Le lentillon de Champagne 香檳區扁豆：種植於香檳區平原，香檳區扁豆的獨特之處在於它的體型小而細緻，顏色為粉紅色，味道香甜。

La lentille blonde de Saint-Flour 聖弗盧爾金黃扁豆：1997年於康塔爾平原（campagne cantalienne）上重現，這種帶有灰粉色光澤的金黃扁豆會在嘴裡釋放出甘甜味。

La lentille large blonde 金黃大扁豆：這是世界上最普遍的扁豆，但也是最不可口的扁豆。體型大於綠扁豆，會因烹煮而軟化。

La lentille corail 紅扁豆：因呈粉橘色而得名。

La lentille Beluga 黑扁豆：它的深黑色令人想到魚子醬的顏色，但經烹煮後顏色會變淡。吃在嘴裡會散發出榛果的香甜味。

Les pois cassés 碎豌豆

這種豌豆的原產地位於中國，從印度西北部一直到阿富汗。在近東、地中海盆地和衣索比亞也有種植。在法國，豌豆種子的足跡可追溯至7000年前，並重新出現在朗格多克（Languedoc）地區。至於「豌豆pois」一詞，則是在十二世紀出現在法文的詞彙中。

Le pois chiche 鷹嘴豆

起源自近東的鷹嘴豆，很快就成了印度人的基本糧食。種植於印度的品種：迪西（desi）—黑色或棕色的豆子，體型較歐洲品種小—也種植於亞洲的其他地區，以及非洲和澳洲的部分地區。鷹嘴豆能夠迅速擴張至西方，是因為腓尼基人將它們引進西班牙。「chiche」一詞1244年出現在法國。

鷹嘴豆在全世界有多種用途，特別是印度人，他們發展出各式各樣的湯品、豆泥和燉菜等食譜。鷹嘴豆是摩洛哥鷹嘴豆泥（houmous）的主要成分，而在地中海盆地一帶，它是用來製作烘餅（galettes）的麵粉。馬賽的鷹嘴豆薯條（panisse）是以鷹嘴豆粉為基底所製成，就如同尼斯的鷹嘴豆烤餅（socca）或義大利的鷹嘴豆泥餅（panelli）。

Les fèves 蠶豆

很可能起源於美索不達米亞的蠶豆，是人類從史前便開始種植最古老的作物之一。人們經常因為蠶豆能提供能量和蛋白質而食用它，而蠶豆的種植也在中世紀初期遍及北歐。
乾燥蠶豆必須先泡水一整晚，讓豆子軟化後再依大小煮30至90分鐘。蠶豆亦可製成多種料理：燉菜，整個中東會搭配羊肉一起製作；亞塞拜然（Azerbaïdjan）會製成中東香料飯；阿爾及利亞和突尼西亞會擺放在庫斯庫斯（couscous）上；西班牙則會搭配豬血腸（boudin）、西班牙臘腸（chorizo）、豬肩肉（palette de porc）和甘藍菜（chou blanc）製成類似砂鍋料理。

CONTI À L'OSEILLE
酸模康蒂濃湯

6人份
準備時間：1小時
烹調時間：40分鐘

INGRÉDIENTS 材料
普伊綠扁豆（lentilles vertes du Puy）
350克

*garniture aromatique*調味蔬菜
胡蘿蔔50克
洋蔥50克
韭蔥蔥綠50克
奶油20克
香料束1束
（百里香、月桂葉、平葉巴西利梗）
大蒜1瓣
半鹽漬豬五花（poitrine de porc
demi-sel）80克
鹽、胡椒

*espuma d'oseille*酸模慕斯
酸模1小束
液狀鮮奶油150克

USTENSILES 用具
食物研磨器
漏斗型網篩
奶油槍＋氣彈

「*Conti*康蒂」一詞用來形容所有以扁豆製作的料理。肉店可見稱爲「烤或煨康蒂*conti rôties ou braisées*」的肉塊，配菜就是熟扁豆泥搭配切條的培根。這道配方包含了同樣的規則，並用酸模慕斯增加一些酸度。

扁豆：仔細清洗扁豆，將胡蘿蔔削皮並清洗，接著切成骰子塊（mirepoix）；將洋蔥剝皮，切成骰子塊；清洗韭蔥蔥綠並切成薄片；製作香料束，將大蒜剝皮並壓碎。用大火燙煮豬五花幾分鐘，一邊撈去浮沫，瀝乾後預留備用。

開始烹煮康蒂濃湯：用奶油將調味蔬菜炒至出汁，加入扁豆，倒入可淹過的冷水，加入香料束、大蒜、燙煮的豬五花肉塊，並煮沸。以小火加蓋煮40分鐘，時間煮至3/4時加鹽。

濃湯過濾：將豬五花取出，去掉香料束，用食物研磨器攪打濃湯，接著以漏斗型網篩過濾。將濃湯煮沸，如有需要請撈去浮沫，並調整調味，以隔水加熱（bain-marie）的方式保溫。將豬五花切成極細的小條狀，預留備用。濃湯不必過於濃稠，隨著時間它自己會慢慢變濃。

酸模慕斯：保留幾條切成細絲狀（chiffonnade）的葉片作爲裝飾。將酸模的葉片摘下，以沸水快速燙煮，接著用冰水冰鎮，瀝乾後擠去水分。將鮮奶油加熱，加入酸模，並以電動攪拌器打碎，接著以漏斗型網篩過濾，並倒入奶油槍中，裝上氣彈並搖動。

擺盤：將濃湯裝至湯盤中，放入豬五花條，在中央擠出一些酸模慕斯，最後再放上酸模絲。

HOUMOUS,
CUMIN ET CORIANDRE
小茴香香菜鷹嘴豆泥

這道傳統的食譜使用的是乾燥鷹嘴豆，但為了節省時間，您也能使用罐裝的鷹嘴豆。亦可用咖哩取代小茴香來為配方增加變化。

前一天： 在冷水中浸泡鷹嘴豆約12個小時。

品嚐當天： 將鷹嘴豆瀝乾，放入平底深鍋中，以大量的水淹過，加入胡蘿蔔、洋蔥、香料束，接著煮沸，以小火煮2至3小時（豆子必須軟化）。烹煮結束時加鹽，讓鷹嘴豆在烹煮湯汁中放涼。將鷹嘴豆瀝乾，並和芝麻醬、檸檬汁和橄欖油一起用電動攪拌器攪打。以小茴香和新鮮香菜調味。

6人份
準備時間：15分鐘
鷹嘴豆的浸泡時間：12小時
烹調時間：2至3小時

INGRÉDIENTS 材料
乾燥鷹嘴豆（pois chiche sec）300克
胡蘿蔔1根
洋蔥1顆
香料束1束
大蒜2瓣
芝麻醬（tahiné）150克
檸檬汁50毫升
橄欖油100毫升
小茴香粉5克
新鮮香菜1小束

USTENSILES 用具
平底深鍋
電動攪拌器

— **FOCUS 注意** —

您也能用網篩過濾鷹嘴豆泥，
以獲得較細緻的質地，
如果您希望鷹嘴豆泥更軟的話，
也可以加入一些烹煮湯汁。
鷹嘴豆泥可搭配抹上大蒜的麵包丁，
並淋上少許橄欖油冰涼地品嚐。

COCOS DE PAIMPOL, PÉQUILLOS ET CHORIZO

法式白豆佐舌型椒與西班牙臘腸

6人份
準備時間：15分鐘
烹調時間：30分鐘

INGRÉDIENTS 材料
法式白豆2公斤
（或其他豆類）
羅斯科粉紅洋蔥（oignons rosés de
Roscoff）100克
烤舌型椒（piquillos grillés au jus）
100克
西班牙甜臘腸（chorizo doux）200克
百里香2枝
月桂葉1片
平葉巴西利1枝
半鹽奶油150克
蔬菜高湯（見32頁）或泉水（eau de
source）500毫升
大蒜2瓣

USTENSILE 用具
鑄鐵燉鍋

— **FOCUS 注意** —

很重要的是，要用奶油炒至白豆的
皮軟化。絕對不要在一開始加鹽，
因為這會讓豆子在烹煮時變硬。
奶油和臘腸中含有的鹽份
已足夠調味。

法式白豆是唯一享有AOP的豆類。這道「法式白豆」展現出新鮮食用的優勢，而且無須在烹煮前事先浸泡。可作爲配菜或製成沙拉享用，亦可用來製作砂鍋燉肉。

準備：將法式白豆去殼，將羅斯科洋蔥切成小丁，將舌型椒和西班牙甜臘腸切成大丁（塊狀）。用百里香、月桂葉和平葉巴西利製作香料束。

烹煮：在鑄鐵燉鍋中，用半鹽奶油翻炒羅斯科洋蔥和1/4的西班牙甜臘腸，加入豆子，炒至外皮變爲半透明但不要上色，接著倒入蔬菜高湯（或泉水）。加入香料束、大蒜，加蓋以小火煮30分鐘（白豆必須軟化）。移除香料束和蒜瓣，接著加入舌型椒和剩餘的西班牙臘腸丁，如有需要的話，可再加入一點奶油。您可搭配如鮟鱇（lotte）、鮮鱈（cabillaud）、墨魚肉（blanc de seiche）等海鮮，或是白肉，來享用這些白豆。

ROYALE DE LENTILLES
扁豆鹹布丁

6人份
準備時間：1小時
烹調時間：1小時

INGRÉDIENTS 材料
普伊綠扁豆（lentilles vertes du Puy）
300克
胡蘿蔔50克
紅蔥頭50克
肥豬皮（couenne de lard de
cochon）50克
香料束1束
（韭蔥蔥綠＋百里香＋月桂葉）

royale 烤鹹布丁
鮮奶油250克
蛋5顆
鹽、胡椒

chips de lard fumé 煙燻培根脆片
煙燻培根6薄片
烤盤紙1張

écume de lard 培根泡沫醬汁
牛乳150克
鮮奶油150克
煙燻培根（lard fumé）100克
卵磷脂粉（lécithine）1大匙

USTENSILES 用具
電動攪拌器
漏斗型網篩

「*royale* 皇家」一詞進入烹飪詞彙中由來已久。用來形容一種以蛋、清湯（在此為鮮奶油）和蔬菜泥組成，並以模型隔水加熱的料理法。

扁豆的烹煮：清洗扁豆、瀝乾，將胡蘿蔔和紅蔥頭去皮，切成骰子塊mirepoix（小塊），接著將所有材料放入煎炒鍋中（扁豆、胡蘿蔔、紅蔥頭、香料束和肥豬皮）。倒入1公升的水（材料表外）、煮沸，並以小火加蓋煮45分鐘。煮熟後，將扁豆瀝乾，預留備用。

扁豆鹹布丁的調配：將鮮奶油加熱，加入熟扁豆，用電動攪拌器攪打，接著加入蛋並再度用電動攪拌器攪打。調味，用漏斗型網篩過濾，並倒入小型的湯盤中，接著放入預熱至150℃（熱度5）的烤箱烤20分鐘（時間依濃稠度而定）。應形成如烤布蕾（crème brûlée）般的質地。放涼後保存在陰涼處。

培根脆片：將6片煙燻培根夾在二張烤盤紙之間，再夾在二張烤盤之間，接著在預熱至120℃（熱度3）的烤箱烤30至40分鐘，將培根烤至酥脆。

培根泡沫醬汁的調配：加熱牛乳和鮮奶油，接著讓培根浸泡在其中2小時，同時用保鮮膜將容器包起。之後加入卵磷脂粉攪拌均勻並加熱至沸騰，離火用漏斗型網篩過濾，以隔水加熱的方式保溫。

擺盤：以小火（100℃，熱度2）加熱扁豆鹹布丁，用電動攪拌器將泡沫醬汁打至乳化，在每份扁豆鹹布丁上放一些泡沫醬汁，再搭配培根脆片上菜。

HARICOTS TARBAIS
EN SALADE OU ÉTUVÉS
塔貝豆的沙拉或燉煮料理

6人份
豆子浸泡時間：一整夜
準備時間：30分鐘
烹調時間：40分鐘

INGRÉDIENTS 材料
塔貝豆300克
家禽基本高湯（見24頁）1公升

garniture aromatique 調味蔬菜
洋蔥1顆
丁香2顆
胡蘿蔔2根
香料束1年
鹽、胡椒粒

garnitures 配菜
胡蘿蔔2根
四季豆（haricot vert）200克
葵花油200毫升
豌豆100克

吐司2片
風乾番茄（tomate séchée）6片
艾斯伯雷紅椒粉

香草嫩葉
（Petites pousses de fines herbes）
（羅勒、龍蒿）
油醋醬200毫升
（以雪莉酒醋、葵花油、鹽、
胡椒為基底）

USTENSILE 用具
電動攪拌器

塔貝豆又稱「玉米豆」，自從它們在十八世紀來到法國西南部後，便隨著玉米的種植而急速攀升，因為玉米可作為它們的天然守護者。

前一天：將塔貝豆浸泡在冷水中。

豆子的烹煮：品嚐當日，將豆子瀝乾，接著放入平底深鍋中，以冷水淹過，煮沸並燙煮幾分鐘。瀝乾後放入少量清水中冷卻。再將豆子放回平底深鍋中，倒入家禽基本高湯（若想製作蔬食料理，可只放水），煮至微滾，加入調味蔬菜（鑲入丁香的整顆洋蔥、整根胡蘿蔔和香料束）。以極小的火煮40幾分鐘，以免豆子爆裂。在煮半小時後加鹽。煮熟後，放涼至少幾小時，讓豆子充分「浸泡」（您甚至可以這樣靜置一整晚）。

製作配菜：將胡蘿蔔切成規則小丁，進行英式汆燙（加鹽沸水）10分鐘（亦可使用調味蔬菜中的胡蘿蔔，在烹煮結束後切成小丁）。為四季豆進行英式汆燙10分鐘，浸入大量的冰水中冰鎮，瀝乾後切丁。將豌豆以加鹽沸水煮10分鐘，預先在水中滴入幾滴葵花油，以免豌豆變皺，接著放入冰水中冰鎮。

番茄辣椒麵包粉：烤吐司片。將風乾番茄切成很小的丁，接著入烤箱以文火（90℃，熱度3）烤至形成酥脆的質地。接著將吐司、風乾番茄和艾斯伯雷紅椒粉放入電動攪拌器的碗中打成麵包粉。

擺盤1：加熱豆類，取出調味蔬菜，加入胡蘿蔔丁、四季豆和豌豆，並趁熱擺至湯盤中，撒上番茄辣椒麵包粉，最後再擺上幾片香草嫩葉。

擺盤2：將調味蔬菜取出，將豆子瀝乾，並以雪莉酒醋、鹽、胡椒和葵花油為基底製作油醋醬。混合豆類、蔬菜和油醋醬，接著撒上番茄辣椒麵包粉。最後再擺上幾片香草嫩葉。

LES CHAMPIGNONS
Recettes

菇類**食**譜

ROYALE DE CHAMPIGNONS
蘑菇蒸蛋

6人份
準備時間：1小時
烹調時間：30分鐘

INGRÉDIENTS 材料
巴黎蘑菇300克
紅蔥頭50克
奶油50克
黃檸檬1顆
生肥肝100克
液狀鮮奶油200克
蛋4顆
鈕扣洋菇300克
奶油50克
黃檸檬1顆

émulsion 乳化醬汁
肥肝50克
牛乳100克
液狀鮮奶油100克
卵磷脂粉（lécithine）1大匙

USTENSILES 用具
電動攪拌器
漏斗型網篩
Le Creuset 迷你燉鍋

最初以蛋、清湯（或鮮奶油）和蔬菜泥組成的蒸蛋（royale），也能加以變化得更豐富，就像在這裡加入肥肝一樣。它用來搭配家禽或魚肉也會非常美味。

蘑菇泥：將巴黎蘑菇和紅蔥頭削皮，將蘑菇切成薄片，將紅蔥頭切碎，並在煎炒鍋中用奶油和檸檬汁翻炒所有材料，直到將水分炒乾。

蒸蛋：在不放油的平底煎鍋中煎肥肝，加入蘑菇中，接著將鮮奶油煮沸、調味，接著加入蛋，用電動攪拌器攪打所有材料。用漏斗型網篩過濾，並倒入迷你燉鍋（或舒芙蕾模rame-quin）中，以隔水加熱的方式，放入預熱至100℃（熱度2）的烤箱中蒸烤30分鐘。

鈕扣洋菇的準備：清洗鈕扣洋菇數次，一邊搓洗，以去除泥土，接著完整地放入煎炒鍋中，並加入奶油、檸檬汁和1大匙的水，蓋上一張烤盤紙，加熱10分鐘。調味並預留備用。

乳化醬汁：加熱肥肝、牛乳和液狀鮮奶油，用電動攪拌器攪打所有材料，加入卵磷脂粉，用漏斗型網篩過濾，並預留備用。

擺盤：將蘑菇蒸蛋加熱至微溫，接著用鈕扣洋菇在表面排成圓花狀。最後在圓花狀的洋菇內與外側舀入打成泡沫狀的醬汁。立即上菜。

SOT-L'Y-LAISSE DE POULET, GIROLLES ET NOIX DE CAJOU, POMMES DE TERRE MOUSSEUSES ET CRAQUANTES

雞油蕈腰果蠔狀雞肉佐酥脆泡沫馬鈴薯

6人份
準備時間：1小時
烹調時間：1小時

INGRÉDIENTS 材料
腰果（noix de cajou）80克
雞油蕈500克
葡萄籽油10克＋奶油20克
奶油30克
蠔狀雞肉（sot-l'y-laisse de poulet）
300克
雞肉原汁200克
抹茶

pommes de terre mousseuses
泡沫馬鈴薯
班杰馬鈴薯泥300克
粗鹽
鮮奶油150克
牛乳100克
橄欖油30克
氣彈2顆（奶油槍）

pommes de terre croustillantes
酥脆馬鈴薯
阿克瑞亞馬鈴薯2顆

USTENSILES 用具
奶油槍＋氣彈
日式切條器
（Coupe-lanière japonais）
直徑6公分、高4公分的慕斯圈

關於「蠔狀雞肉」（傻瓜才不吃）一詞的由來，傳聞是有個「傻瓜」在不注意—或欠缺記性—的情況下，讓這優質的雞肉留在骨架上。這個名稱從此用來形容家禽這兩小塊細緻的「一口珍饈」。

雞油蕈的準備：在不放油的平底煎鍋中焙炒腰果，接著將腰果約略切小塊，預留備用。修整雞油蕈並擦乾淨，以奶油和油翻炒幾分鐘。

蠔狀雞肉的準備：在平底煎鍋中，將30克的奶油加熱至融化，待奶油形成榛果色後，加入蠔狀雞肉，煎至上色，倒入雞肉原汁，燉煮30分鐘。預留備用。上菜時，混合約略切成小塊的烤腰果以及炒雞油蕈。

泡沫馬鈴薯：將整顆的馬鈴薯擺在一層粗鹽上，放入預熱至180℃（熱度6）的烤箱中烘烤，烤至刀尖可輕易穿透薯肉。馬鈴薯從烤箱中取出，切開並收集600克的薯肉，用網篩過濾，加入預先加熱的鮮奶油、牛乳和橄欖油，攪拌均勻。如有需要可加入一些牛乳來調整濃稠度，接著裝入奶油槍中，注入氣彈並仔細搖動。

酥脆馬鈴薯：用日式切條器將馬鈴薯裁成寬麵狀，然後捲成圓圈狀像炸脆片般進行油炸（若沒有日式切條器，就用刨切器裁成寬條狀即可）。瀝乾後擺在吸水紙上並撒鹽。

擺盤：將蠔狀雞肉擺在餐盤底部，接著擺上圓圈狀的酥脆馬鈴薯。用奶油槍在馬鈴薯圈中填滿泡沫馬鈴薯，並撒上1撮的抹茶。

POÊLÉE DE CÈPES
ET BROCHETTE SARLADAISE
香煎牛肝蕈佐沙雷馬鈴薯串

6人份
準備時間：50分鐘
烹調時間：25分鐘

INGRÉDIENTS 材料
brochette 串燒
硬質大型馬鈴薯1公斤
鴨油500克

cèpes 牛肝蕈
牛肝蕈400克
葡萄籽油100毫升
灰紅蔥頭（échalotes grises）100克
平葉巴西利½小束
細香蔥½小束
大蒜3瓣
奶油100克
檸檬½顆
細鹽、白胡椒粉

USTENSILES 用具
刨切器
6公分的壓模
竹籤6根

這道食譜以鴨油油封的優雅馬鈴薯串重新詮釋法國西南部的經典料理之一。用香草和蒜泥提味的牛肝蕈，則為您的餐盤賦予愜意的秋色。

沙雷馬鈴薯串：將馬鈴薯削皮、清洗，並用刨切器切成厚3公釐的薄片（接著不要泡水，以免稀釋澱粉），再用壓模切成規則的圓形薄片，接著將馬鈴薯片一片片交疊至6公分的高度，用竹籤串起固定。

馬鈴薯串的烹煮：將鴨油放入不要太大的平底深鍋中（以便能夠浸入馬鈴薯串），加熱，接著浸入馬鈴薯串，並在馬鈴薯炸成金黃色時取出。瀝乾並調味。

牛肝蕈的準備：修整牛肝蕈的蒂頭。若傘蓋覆蓋了過多的青苔就加以去除，接著用濕布和刷子擦拭乾淨（如有需要，可快速過少量的冷水，但注意不要完全浸入）。若您使用的是小牛肝蕈（cèpes bouchon），請切半以保留其獨特的形狀。若使用的是大型菇類，請將傘蓋和蒂頭的部分分開，全部切成薄片，先在平底煎鍋中用熱好的葡萄籽油快炒一次。加鹽、胡椒，瀝乾後預留備用。

香料的準備：將灰紅蔥頭切碎（小丁），將平葉巴西利和細香蔥切碎，將蒜瓣去皮、切半、去芽，先從冷水開始煮，共燙煮3次，接著再打成泥。

牛肝蕈的烹煮：在大型的平底煎鍋中將奶油加熱至融化，待奶油變成榛果色後，油炒牛肝蕈，加入切碎的灰紅蔥頭、蒜泥和少量的檸檬汁，離火後再撒上切碎的二種香草。

擺盤：在餐盤內擺上牛肝蕈，並搭配沙雷馬鈴薯串上菜。

LES CÉRÉALES
Techniques
穀物技巧

Les céréales
穀物

「穀物 céréale」一詞源自 Cérès 之名，Cérès 為羅馬的穀物女神。自遠古時代開始就是人類重要的主要糧食，所有被稱為穀物的作物通常來自禾本科家族，如整顆的米，或是磨成粉的小麥、玉米，或是用來餵養人類和動物的小米。

穀物最常以粉的形式食用（小麥、玉米），但也能製成粗粒粉（semoule）、穀片（flocon）、米香（grain soufflé），預先煮熟或預先加工等形式。

大多數穀物屬於禾本科家族（除了二種），儘管並不全屬於同一種植物分類，但屬於這個家族的包括燕麥（avoine）、硬小麥／杜蘭小麥（blé dur）和軟小麥（普通小麥froment）、黍（millet）、大麥（orge）、米（riz）、黑麥（seigle）、高梁（sorgho）、蕎麥（sarrasin）（蓼科）和藜麥（quinoa）（藜亞科）。

— UTILISATION DES DIFFÉRENTES VARIÉTÉS—
各種穀物的使用

CÉRÉALE 穀物	FORME 型態	UTILISATIONS 用途
BLÉ DUR 硬小麥／杜蘭小麥	Semoule 粗麵粉	Préparations salées et sucrées 鹹食或甜食
	Farine 麵粉	Fabrication des pâtes 麵食的製作
BLÉ TENDRE 軟小麥	Grains précuits 預煮穀粒	Salades composées 沙拉
	Farine 麵粉	Pâtisserie 糕點, liaison et pain 增稠劑（liaison）和麵包
RIZ ROND 圓米	Grains 穀粒	Entremets sucrés et risotto 甜點和燉飯
RIZ LONG 長米	Grains 穀粒	Riz créole 克里奧香料飯, pilaf 中東香料飯, au lait 米布丁
	Farine 粉	Crème de riz 米粉, liaisons instantanées
MAÏS 玉米	Épis 穗	Grillés 烤
	Grains 穀粒	Pop-corn 爆米花, corn flakes 玉米片, salades 沙拉, garnitures 配菜
	Semoule 粗粒	Polenta 玉米糕
	Farine 粉	Pâtisserie 糕點, liaisons 增稠劑, bouillies et pain 粥和麵包
SEIGLE 黑麥	Farine 粉	Pain 麵包
AVOINE 燕麥	Flocons 穀片	Petit déjeuner 早餐
MILLET 黍	Farine 粉	Pâtisseries régionales 地區性糕點
ORGE 大麥	Grains 穀粒	Malté pour la fabrication de la bière 製造啤酒的麥芽；perlé utilisé en garniture 作為配菜的珍珠大麥
SARRASIN 蕎麥	Farine 粉	Pâtisserie (crêpes, gâteaux) 糕點（可麗餅、蛋糕）
	Grains 穀粒	Pâtisserie (crêpes, gâteaux) 糕點（可麗餅、蛋糕）

LE RIZ 米

除了玉米和小麥以外，米是世界上最多人種植的穀物，也是僅次於小麥，最多人類食用的糧食。這樣的排名是因爲米在亞洲的糧食中佔據重要地位，尤其是中國，還有東南亞、印度，以及熱帶非洲國家。

我們食用的米主要來自水稻（Riza sativa）；種植於全世界，並變化爲數種亞種：

Le riz sativa indica 印度米，長粒米，非常長，而且黏性低，並和巴斯馬蒂香米（riz basmati）及泰國米一樣具有天然的香味。

Le riz long indica 印度長米，以預煮（étuvage）的方式讓味道更好，多用於餐飲業。

Le riz sativa japonica 米，大多爲圓形或中型大小，在歐洲和法國卡馬格（Camargue）廣泛地種植，非常適合用來製作甜點、燉飯和西班牙海鮮飯（paella）。

*Le riz gluant 糯米*屬於粳稻家族，大多種植於寮國和泰國東北部。

最後還有 *le riz sauvage 野米* 爲禾本科的水生植物，學名爲 *zizania aquatica*，生長於如湖泊、池塘，或平靜水流等淺水中。較常因其美學價值而使用，而非以營養爲考量。

不含麩質，米的特色在於其優越的營養特質、它的複合醣類和非常易於消化的蛋白質。爲了充分利用米的營養價值，最好食用糙米而非白米，也就是只有去掉難咬粗纖維「外殼」的米粒。白米則是去除麩皮而得，即主要由纖維素所構成的外皮；因而適合多種烹煮和料理法：蒸煮、克里奧香料飯（Riz créole）、中東香料飯（pilaf）、米布丁（riz au lait）等。

Conseils des chefs
主廚建議

在購買穀物時，請務必少量購入，因爲它們變質得很快。
不同種類烹煮，米的選擇非常重要。
若要製作中東香料飯，請選擇非燜煮型的長米，如巴斯馬蒂香米、泰國米、蘇利南米（surinam），並仔細讓米上光，即讓米被油脂所包覆，讓米能夠粒粒分明。煮熟後，請加蓋靜置，然後再用叉子和一塊核桃大小的奶油，將米粒分開（見 608 頁的步驟技巧）。

LA POLENTA 粗粒玉米粉（音譯：波倫塔）

波倫塔（polenta 或 polente）是一種粒度多變（粗粒或細粒）的玉米粉（semoule de maïs），原產於義大利北部、瑞士的提契諾州（Tessin）、法國尼斯伯爵領地（comté de Nice）、薩瓦省（Savoie）、保加利亞（Bulgarie）、羅馬尼亞（Roumanie）和摩爾多瓦（Moldavie）。

玉米糕（Polenta）以加鹽的水或牛乳（或在半水半牛乳的混料中）進行烹煮，傳統版本是煮 45 分鐘，今日在市面上可取得的粗粒玉米粉則是煮 1 至 5 分鐘。接下來可以原味、加鮮奶油或一塊核桃大小的奶油等方式熱食，或是切條後以加熱至起泡的奶油油煎後冷食（見 624 頁的步驟技巧）。

LE BOULGOUR 布格麥

布格麥來自去殼（糠）的硬質小麥，預先蒸熟後再加以乾燥並研磨。經常用於中東料理，尤其是黎巴嫩，但也包括亞美尼亞（Arménie）、希臘或土耳其。布格麥可用水煮，搭配主菜、製成沙拉，或是製成燉飯。

L'ORGE PERLÉ 珍珠大麥

珍珠大麥由去掉粗纖維黏附外殼（麥粒皮）的大麥粒所構成，因爲這層外殼會妨礙食用，接著再進行精製加工以去掉糠麩。珍珠大麥可搭配濃湯、清湯食用，或是製成燉飯。

LE QUINOA 藜麥

誕生於祕魯的藜麥，爲藜科家族（如甜菜和菠菜）一年生的草本類。因此，確切而言，它並不算是一種穀物，即使大家普遍這麼以爲。藜麥大多產於祕魯和玻利維亞，但法國也有少量生產，即大家所稱的「小硬球 petite boule de fort」，自 2009 年起便存於安茹（Anjou）地區。

富含鐵、銅、鎂、磷、植物性蛋白質，而且不含麩質，藜麥可用水煮、搭配主菜、製成沙拉，也能作爲西班牙海鮮飯（paella）食用。

LA FREGOLA SARDA 薩丁尼亞米型麵

正如其名，這個用指尖在陶製容器中揉捏，經過風乾和烤箱烘烤而成的不規則圓形小麵團，正是來自薩丁尼亞（Sardaigne）。它可以像麵一樣料理，也能製成燉飯。

LE COUSCOUS 北非小麥（音譯：庫斯庫斯）

北非小麥粗粒麵粉是由硬小麥 / 杜蘭小麥去掉雜質，濕潤後去皮（糠），最後再經研磨和過篩而得。

Riz pilaf

中東香料飯

❋

6人份

INGRÉDIENTS 材料
長米（riz long）300克
洋蔥120克
油300毫升
奶油30克
香料束1束
高湯或水450毫升
奶油40克
鹽、胡椒

USTENSILE 用具
烤盤紙

· 1 ·
將油倒入煎炒鍋中，加熱。

· 4 ·
攪拌，讓油包覆米粒，形成光澤。

· 7 ·
放上中央打洞的烤盤紙，加蓋，在預熱至200℃（熱度6-7）的烤箱中烘烤15至17分鐘。

· 8 ·
加蓋，煮至米完全吸收湯汁。

· 2 ·

倒入切碎的洋蔥，炒至出汁，但不要上色。

· 3 ·

加入米。

· 5 ·

倒入高湯（米量的1.5倍）並加入胡椒。

· 6 ·

加入香料束，煮至微滾。

· 9 ·

當飯煮好時，掀開蓋子，靜置10幾分鐘，再去掉烤盤紙和香料束。

· 10 ·

用叉子將飯撥鬆，加入小塊小塊的奶油，攪拌，如有需要可調整一下味道。

Risotto

燉飯

❋

6人份

INGRÉDIENTS 材料
阿柏里歐米（riz arborio）或卡納羅利米（Carnaroli）
200克
白酒200毫升
家禽基本高湯（見24頁）2公升
奶油100克
洋蔥1顆
帕馬森乳酪100克
橄欖油100克

USTENSILE 用具
橡膠刮刀（Spatule）

— **FOCUS 注意** —

將米粒煮至上光（nacrer）是個極重要的階段，
就和倒入白酒去漬（déglaçage）一樣，
可以讓米粒閃耀光芒，因而更容易吸收高湯。

· 1 ·

將油倒入煎炒鍋中加熱。

· 4 ·

攪拌，用油脂包覆米粒，將米粒煮至上光（nacrer）。

· 7 ·

加胡椒。

· 8 ·

慢慢加入高湯，直到將米煮至想要的熟度（約18分鐘）。

• 2 •

倒入切碎的洋蔥，炒至出汁，但不要上色。

• 3 •

倒入米。

• 5 •

倒入白酒，並將湯汁收乾。

• 6 •

第一次用高湯淹過。

• 9 •

加入奶油和帕馬森乳酪。

• 10 •

攪拌，讓燉飯稠化以形成濃稠乳霜狀。

Fregola sarda

薩丁尼亞米型麵

6人份

INGRÉDIENTS 材料

薩丁尼亞米型麵（fregola sarda）200克
橄欖油50毫升
白酒200毫升
洋蔥50克
蔬菜高湯（見32頁）1公升

USTENSILE 用具

橡皮刮刀

· 1 ·

將油倒入煎炒鍋中加熱。

· 4 ·

倒入白酒，並將湯汁收乾。

· 2 ·

倒入切碎的洋蔥,炒至出汁,但不要上色。

· 3 ·

加入米型麵,翻炒至米型麵被油包覆。

· 5 ·

倒入一些高湯。

· 6 ·

讓米型麵吸收高湯。

—— FOCUS 注意 ——

薩丁尼亞米型麵是一種小型的義大利麵，
煮法和調味法同燉飯。
松露、豌豆、海鮮都可以用來搭配。
如同燉飯，將米煮至半透明（nacrage）
和以酒去漬（déglaçage）的階段，
對於這道食譜的成功與否來說非常重要。

· 8 ·

加胡椒。

· 9 ·

加入高湯並繼續烹煮，期間如燉飯一樣經常加入高湯。

· 11 ·

加入小塊的冷奶油。

· 12 ·

攪拌，讓奶油均勻混合。

Orge perlé

珍珠大麥

6人份

INGRÉDIENTS 材料
珍珠大麥（orge perlé）200克
橄欖油50毫升
白酒200毫升
洋蔥50克
蔬菜高湯（見32頁）400毫升

USTENSILE 用具
橡皮刮刀

· 1 ·

將油倒入煎炒鍋中加熱。

· 4 ·

倒入白酒，並將湯汁收乾。

· 7 ·

加入剩餘高湯，繼續煮至湯汁完全蒸發。

· 2 ·

倒入切碎的洋蔥，炒至出汁，但不要上色。

· 3 ·

加入珍珠大麥，翻炒至珍珠大麥被油包覆。

· 5 ·

倒入一些高湯。

· 6 ·

攪拌，讓珍珠大麥吸收倒入的高湯。

· 8 ·

加入奶油，攪拌均勻。

· 9 ·

加入帕馬森乳酪，攪拌，讓珍珠大麥稠化並形成濃稠乳霜狀的質地。

Boulgour

布格麥

❋

6人份

INGRÉDIENTS 材料
布格麥（boulgour）200克
油100毫升
水或蔬菜高湯（見32頁）400毫升
鹽

USTENSILE 用具
橡皮刮刀

· 1 ·

在布格麥上淋上少量的油。

· 4 ·

倒入高湯。

· 2 ·

混合布格麥和油。

· 3 ·

將布格麥倒入煎炒鍋中。

· 5 ·

加蓋，煮至微滾，以小火緩慢地煮至布格麥完全吸收湯汁。

· 6 ·

調味，布格麥已經可供食用，可直接享用，或依個人口味添加其他配菜。

619

Quinoa

藜麥

❋

6人份

INGRÉDIENTS 材料
紅藜麥（quinoa rouge）200克
蔬菜高湯（見32頁）600毫升
鹽、胡椒

USTENSILE 用具
濾器

· 1 ·

清洗藜麥，並用濾器瀝乾。

· 4 ·

加鹽。

· 2 ·

將藜麥倒入煎炒鍋中。

· 3 ·

倒入高湯。

· 5 ·

加胡椒。

· 6 ·

煮至微滾,以小火緩慢加熱煮至藜麥裂開。如有需要可調整一下調味。

Polenta

玉米糕

❋

6人份

INGRÉDIENTS 材料

細粒玉米粉（semoule de maïs fine）200克

水700毫升

橄欖油50毫升

現刨的帕馬森乳酪絲50克

鹽、胡椒和肉豆蔻

USTENSILES 用具

打蛋器

刨絲器（Râpe）

· 1 ·

將水倒入平底深鍋中。

· 4 ·

在水微滾時倒入細粒玉米粉。

· 5 ·

以小火燉煮，經常攪拌。

· 2 ·

加入橄欖油。

· 3 ·

將肉豆蔻刨出一些碎末。

· 6 ·

加入帕馬森乳酪。

· 7 ·

攪拌,讓玉米糕變得黏稠。

— TECHNIQUES 技巧 —

Polenta sautée

油煎玉米糕

6人份

INGRÉDIENTS 材料

細粒玉米粉（semoule de mais fine）200克

水600毫升

橄欖油30毫升

澄清奶油（見66頁）

USTENSILES 用具

矩形盤（Plaque rectangulaire）

毛刷

刮刀

烤盤紙

· 1 ·

在準備盤（plaque à débarrasser）（或一般的盤子）底部鋪上烤盤紙，接著刷上油。

· 4 ·

將烤盤紙折起，包覆玉米糕。

· 7 ·

將矩形的玉米糕切成條狀（或想要的形狀和大小）。

· 8 ·

為熱好的平底煎鍋刷上澄清奶油。

· 2 ·

將熱的玉米糕（見622頁，但不加入帕馬森乳酪）倒入盤中。

· 3 ·

用刮刀抹平。

· 5 ·

將玉米糕包好後，放涼，然後冷藏。

· 6 ·

取出玉米糕擺在工作檯上，切半。

· 9 ·

將條狀的玉米糕擺入鍋中，煎至金黃色。

· 10 ·

將玉米糕翻面，將兩面都煎成金黃色。

LES PÂTES ET LES RAVIOLES

麵食與義麵餃

Introduction 介紹 **P.628**

LES PÂTES
ET LES RAVIOLES
麵食與義麵餃

TECHNIQUES 技巧 **P.630**

Les pâtes et les ravioles
麵食與義麵餃

12000 年前的新石器時代，麵食誕生於美索不達米亞、近東與中東地區肥沃的新月形區域。當時的人們已漸漸放棄了狩獵和採集，開始利用農業和畜牧，尤其是大麥和小麥等主要作物的種植。但一直到了第二次的新石器革命，麵食才真正的出現，這時的穀物去殼萃取技術發展出麵粉和粗麵粉，讓像是粥、麵包或烘餅（galette）等基本的麵食得以發展。

La famille des pâtes 麵食家族非常廣泛，而且很難為其賦予明確的定義，儘管麵食通常是以小麥（軟小麥麵粉和硬的杜蘭小麥麵粉），加液體揉捏而成的麵團。麵食家族非常廣大，而且有許多國家都以麵食作為他們的特產：其中當然包括義大利，還有中國利用小麥的麵筋製成的麵條；南韓、日本的烏龍麵、法國的方形麵（crozet）或麵疙瘩（spaetzle）、西班牙的短麵（fideo）等。

麵食是獨立完整的一道菜餚。在熱食時經常搭配醬汁或佐料，但也能製成沙拉等冷盤。

LES PÂTES SÈCHES 乾麵
以杜蘭小麥粉製成，和水揉和後，再以銅製模型塑形和乾燥。其含水率低於12%。

LES PÂTES FRAÎCHES 鮮麵
通常以普通小麥麵粉和蛋為基本材料所製成。「新鮮的雞蛋鮮麵 pâtes fraîches aux œufss frais」此名稱在法國受到法律所規範。它們的成分必須包括分類為優質的杜蘭小麥粉、每公斤麵粉至少使用140克的蛋，以及含水率高於12%。製造工序被稱為「壓麵 laminage」，因為麵團會在壓麵機中經過一連串的加工程序。這道工法可將麵團製成麵條或義麵餃食用，可以用水煮熟，然後蘸醬汁品嚐。

麵製品的形狀和大小絕非出於偶然，它們的製作都是為了能夠「鈎住」（吸附）醬汁，就如同它們的表面都必須粗糙一樣。因此您可依想製作的料理來選擇您的麵條種類。

儘管麵製品有各種形狀、顏色或大小，它們仍可分為主要的7大類：

Les pâtes longues 長麵	*Spaghettis* 義大利麵, *nouilles* 麵條, *linguine* 義式寬麵, *fusilli lunghi* 長螺旋麵, *capellini* 天使髮絲麵, 等
Les rubans – nouilles plates (fettucine) 緞帶麵—扁麵	*Tagliatelles* 寬麵, *pappardelles* 寬帶麵, *taglioni* 細扁麵, 等
Les tubes 管狀麵	*Penne lisce* 平滑斜管麵 (lisse), *penne rigate* 條紋斜管麵 (rayée), *pennoni* 大筆管麵, *rigatoni* 大水管麵, *macaroni* 通心麵 (長或短) (longs ou courts), 等
Les tubes en coude 彎管麵	*Coquillettes* 迷你通心麵, *pipe rigate* 彎管麵, 等
Les pâtes farcies 夾餡麵	*Agnalotti* 牧師帽餃, *capelletti* 小帽子麵餃, *cannelloni* 義大利肉卷, *ravioli* 義大利餃, *tortellini* 義大利餛飩, 等
Les formes fantaisie (pâtes farcies et parfumées) 夾餡調味麵食（特殊形狀）	*Gnocchi* 義式麵疙瘩, *malloreddus* 薩丁尼亞麵疙瘩, *farfalle* 蝴蝶麵, 等
Les pâtes à potage 湯麵	*Accini di pepe* 胡椒粒麵, *anelli* 環狀麵, *risoni* 米粒麵, *tubetti* 筆管麵, 等

Les pâtes maison 手工麵，以普通小麥麵粉和新鮮雞蛋（全蛋或只用蛋黃）製成，最好選擇00號的義大利麵粉。您也能選擇混合使用麵粉和杜蘭小麥麵粉來形成適當的質地。

只使用蛋黃的麵食是阿爾薩斯的特產。1公斤的麵粉，使用36顆蛋黃和23克的鹽。這樣的選擇會做出較乾也較硬的麵皮；使用蛋白會使麵皮在烹煮時鼓起，就如同德國麵疙瘩的例子。

若要製作經典的義大利麵，請測量1公斤的麵粉、10顆蛋、10克鹽和1大匙的橄欖油。

Conseils des chefs
主廚建議

在製作麵食時，很重要的是請先讓鹽溶於水後再混入
麵粉中。若要以菠菜泥或濃縮番茄糊來為麵團染色，
很重要的是請調整蛋的用量，以抵消蔬菜帶來的水分。
永遠都要記得先讓麵團靜置，然後再用壓麵機壓平。

若要製作麵食，一台具有揉麵勾的電動攪拌器，
能夠將材料攪拌至不再附著於碗壁，
可大大便利您的生活；接下來，壓麵機則可以將麵團
壓至您想要的厚度，也是一項不可或缺的工具。
先將間距調到最大，接著像製作千層派般將麵皮折成
皮夾折（portefeuille），然後轉 ¼ 圈，
再用壓麵機壓一次。接著逐漸減少間距，
同樣以壓麵機壓二次至相同的厚度。1 公釐似乎是製作
麵條和義麵餃皮的完美厚度。
讓麵風乾 30 分鐘後再切成想要的大小，
接著立刻在加鹽沸水中煮麵。煮熟後，稍微瀝乾，
再立刻浸入醬汁中，或是加入一塊核桃大小的奶油。

為了快速煮麵，請先準備好比麵的重量多 5 倍的水。
為了讓麵可保存 2 至 3 天，
請在麵團裡加入一些醋或檸檬汁。
若您想要吃冷麵，請記得在麵煮熟時以冷水沖洗，
以中止烹煮。德國麵疙瘩（spaetzle）也要過冷水，
因為德國麵疙瘩要先煎炒後再上菜。

LES GNOCCHIS 義式麵疙瘩

若要製作義式麵疙瘩，請使用粉質的馬鈴薯，如班杰
（bintje）品種。連皮煮後再趁熱去皮，以便用食物研磨器過
濾熱的薯肉，然後直接和蛋及 00 麵粉混合。用形成的麵團揉
成長條狀，接著切成小塊。用掌心揉成球狀，接著用拇指壓
成硬幣的形狀，在叉子的背面滾壓。用沸水煮義式麵疙瘩，
在浮至水面時瀝乾，然後再浸入醬汁中，接著可油煎或焗烤。
義式麵疙瘩必須在製作後立即烹煮，或以冷凍保存 2 至 3 天。

LES SPAETZLE 德國麵疙瘩

這是阿爾薩斯（Alsace）的特產。將液態的麵糊透過濾器倒入
高湯中煮熟；接著瀝乾、過冷水，再進行油炒。

LES RAVIOLES 義麵餃

可填入肉、蔬菜、乳酪作為餡料。在高湯中以微滾的方式烹
煮。烹煮時間較短，依麵皮的厚度而定。

Pâtes fraîches à base de farine

麵 粉 製 新 鮮 麵

❋

6人份

INGRÉDIENTS 材料
T55 麵粉（farine type 55）250克
細鹽5克
蛋黃175克

USTENSILES 用具
食物攪拌機
壓麵機（Laminoir）

· 1 ·

將麵粉倒入裝有槳型攪拌頭（feuille）的攪拌機鋼盆中。

· 4 ·

將麵團揉捏均勻。

· 7 ·

漸漸將壓麵機的間距調小，繼續碾壓麵皮，每次壓麵時先將麵皮對折。

· 8 ·

繼續將壓麵機的間距調小，直到獲得夠薄的麵皮（約1至2公釐）。

· 2 ·

加鹽，接著加入蛋黃。

· 3 ·

用槳型攪拌頭攪拌至形成粒狀麵團。

· 5 ·

第一次將麵皮放入壓麵機時，調到最大間距，進行壓麵
（先在工作檯上擀平）。

· 6 ·

為麵皮進行皮夾折（portefeuille），接著將壓麵機的
間距調小，將麵皮碾壓得更細更平滑。

· 9 ·

將麵皮切成30公分長的矩形，撒上一點麵粉，接著進
行皮夾折，然後再對折。

· 10 ·

切成寬麵狀，或切成其他形狀的麵條。

Pâte fraîche de couleur à base de semoule de blé dur

杜 蘭 小 麥 製 新 鮮 麵

❄

6人份

INGRÉDIENTS 材料
T55麵粉（farine type 55）250克
杜蘭小麥粉（semoule de blé dur）250克
全蛋150克
蛋黃100克
新鮮菠菜250克

USTENSILES 用具
食物攪拌機
壓麵機

· 1 ·

將T55麵粉和杜蘭小麥粉倒入攪拌機的鋼盆中。

· 4 ·

用槳型攪拌頭攪拌，讓材料稠化，形狀約略均勻的麵團。

· 7 ·

準備進行擀平的麵團。

· 8 ·

第一次將麵皮放入壓麵機時，調到最大間距，進行壓麵（先在工作檯上擀平）。

• 2 •

加入蛋黃。

• 3 •

加入菠菜泥。

• 5 •

將槳型攪拌頭拆下。

• 6 •

以鉤型攪拌頭攪拌至形成平滑的麵團。

• 9 •

漸漸將壓麵機的間距調小，繼續碾壓麵皮，每次壓麵時先將麵皮對折。

• 10 •

繼續將壓麵機的間距調小，每次壓麵時先將麵皮對折，以獲得夠薄且均勻的麵皮。

Ravioles

義 大 利 餃

6人份

USTENSILES 用具
去壓模
裝有擠花嘴的擠花袋

• 1 •

用毛刷蘸水，仔細瀝乾後刷在帶狀麵皮上。

• 4 •

將麵皮從中央劃開，以方便對折，然後將餡料蓋上，小心別將空氣包入義麵餃裡。

• 5 •

同樣用壓模的頂面將每顆義麵餃封起。

• 2 •

在壓模的頂面蘸上麵粉，在麵皮上印上記號，在每個義麵餃間保留足夠的間隔。

• 3 •

用裝有平口擠花嘴的擠花袋在每個記號中擠出核桃大小的餡料。

• 6 •

用較大的花形壓模切下每顆義麵餃。

• 7 •

去掉多餘的麵皮（可保留再利用）。

Spaetzle

德國麵疙瘩

6人份

INGRÉDIENTS 材料
T55 麵粉（gruau）300克
細鹽5克
肉豆蔻粉5克
蛋300克
高脂鮮奶油（crème double）120克

USTENSILES 用具
食物攪拌機
德國麵疙瘩器（Râpe à spaetzle）

• 1 •
將麵粉倒入食物攪拌機的攪拌槽中。加入蛋黃。

• 4 •
將麵糊倒入碗中。

• 7 •
在平底煎鍋中將奶油加熱至融化，調味。

• 8 •
在奶油起泡時，將德國麵疙瘩倒入平底煎鍋中。

· 2 ·

用圓型攪拌頭攪打一會兒，讓材料稠化。

· 3 ·

加入鮮奶油，再度攪拌至形成平滑的麵糊。

· 5 ·

將麵糊倒入德國麵疙瘩器的「滑板」（chariot）上。滑動滑板，讓麵糊落在微滾的鹽水中。

· 6 ·

煮4至5分鐘，一邊攪拌。將德國麵疙瘩撈起浸入冷水中以中止烹煮，接著瀝乾。

· 9 ·

翻炒，讓麵疙瘩漂亮地上色並略為鼓起。

· 10 ·

麵疙瘩形成漂亮的金黃色並略為膨脹。

Gnocchi

義式麵疙瘩

6人份

INGRÉDIENTS 材料

班杰馬鈴薯500克
義大利00號麵粉（farine 00）150克
蛋1顆
細鹽8克
肉豆蔻粉

USTENSILE 用具

食物研磨器

· 1 ·

將未削皮但預先洗過的整顆馬鈴薯以冷水燉煮。

· 4 ·

刨下一些肉豆蔻粉。

· 7 ·

將麵團擺在撒上少許麵粉的工作檯上，接著前後滾動成規則條狀。

· 8 ·

切成規則塊狀。

· 2 ·
切成兩半。用湯匙取出馬鈴薯肉,放入食物研磨器中。

· 3 ·
用裝有細網的食物研磨器研磨成馬鈴薯泥。

· 5 ·
倒入大量的麵粉,用力拌合。

· 6 ·
加蛋並再度攪拌,直到形成相當平滑的麵團。

· 9 ·
在工作檯上(撒上極少量的麵粉)用掌心揉成球狀。

· 10 ·
用叉子背面滾壓揉好的麵球,形成紋路。

LES FRUITS

水果

Introduction 介紹 **P.642**

LES FRUITS 水果

TECHNIQUES 技巧 **P.649**
RECETTES 食譜 **P.657**

Les fruits
水果

儘管今日市面上的水果種類前所未有的多，但遵循季節性非常重要。水果絕對在當令時最爲美味。爲了能夠善加利用，尤其是在料理方面，應該要做出適當的選擇。請記得依其用途挑選水果的熟度，否則就請依您可使用的水果來選擇食譜。

***Hors saison* 在非產季時**，最好使用水果的果肉或完整的冷凍水果，而且在使用時請保持原貌。若要自行冷凍水果，請先擺在盤子上，放進冷凍庫，接著在冷凍後裝袋。李子（紫香李、黃香李）冷凍得很快，就像漿果（黑醋栗、藍莓），以及覆盆子、櫻桃、杏桃、無花果、芒果和鳳梨一樣。經冷凍後，水果在使用時已是自然熟成的狀態。

水果越酸，就越適合用於鹹味料理中；相反地，在製作甜點時，最好選擇甜的水果。

Conseils des chefs
主廚建議

在開胃菜中，酪梨令人印象深刻，就像史密斯奶奶蘋果爲雷莫拉醬（芥末蛋黃醬）的西洋芹沙拉（céleri rémoulade）帶來清爽口感和微微的酸味一樣。當柳橙混合鴨肉時，象徵著美食的輝煌時刻到來，就如同橘子搭配法式火焰可麗餅（crêpe Suzette）！檸檬經常用來搭配魚肉和海鮮，但也會用來製作美味的塔派。至於香蕉，它可用蘭姆酒燄燒（flamber），亦可用來稠化羔羊咖哩醬（curry d'agneau）。

On regroupe les fruits en grandes familles
水果可分爲幾大家族

Les agrumes 柑橘類	葡萄柚、柳橙、檸檬…
Les fruits à noyaux 有核水果	桃子、杏桃、櫻桃、油桃（brugnon）…
Les fruits à pépins 有籽水果	蘋果、洋梨、葡萄、甜瓜…
Les baies 漿果	黑醋栗、紅醋栗、藍莓…
Les fruits secs 堅果	核桃、杏仁、榛果…

Les fruits séchés 果乾	椰棗（Datte）、無花果、黑棗…
Les fruits rouges 紅色水果	草莓、野莓、覆盆子…
Les fruits exotiques 異國水果	芒果、番石榴（goyave）、荔枝…

Comment bien les choisir 如何挑選

所有水果都應在盛產季節選購，而且請選擇果皮光滑、葉片翠綠、蒂頭與果實緊緊相連的水果，當然也不要有任何的痕跡或傷痕，如果可以的話，也請盡量選擇充分成熟的水果。過綠表示尚未達到適當熟度的水果：蘋果、桃子或油桃（brugnon）摸起來應有一定的柔軟度，而且不會像石頭一樣硬。

在家中，您可依持有的時間，將水果保存在室溫下的高腳盤中，或是冰箱的蔬果室。

Quel fruit pour quelle préparation 如何處理各類水果

關於蘋果，粉紅佳人（pink lady）、富士（fuji）和亞希安娜（ariane）適合直接吃；金冠（golden）、流浪小皇后（clochard）、小皇后（reinette）可用來製作塔派或以烤箱烘烤；加拉（gala）非常適合用來製作果漬（compote），您也能和其他品種混合使用。史密斯奶奶青蘋果（granny-smith）可輕易地加入鹹味料理中，用來提供些許的酸度。

蘋果可用來製作酸甜醬（chutney），和醋、紅蔥頭及糖一起烹煮，並用香料包（肉桂、八角茴香、蓽拔poivre long、丁香）調味。這些酸甜醬可搭配肥肝或冷烤肉、豬肉或家禽。

爲了替您的鹹味或甜味料理營造不同層次的口感，或僅是作爲零食，您可自行將水果乾燥。例如將蘋果切成薄片，擺在烤盤中，並以80℃烤至水果乾燥酥脆。

若要製作冰沙（granité），請將蘋果削皮，和一些糖以及檸檬汁一起用電動攪拌機攪打，接著冷凍。接下來您必須用叉子刮出冰沙狀，以領略徹底的清涼感受。

Le kiwi 奇異果 會在接觸到其他水果時追熟；如果奇異果還有點硬，就不要將奇異果單獨存放。削皮並切成小塊後，便可混入生魚韃靼料理（鯛魚 daurade、狼鱸 bar、干貝 saint-jacques）中；切成條狀，便可加進野生芝麻菜沙拉中；切成圓形薄片，可擺在奶油吐司上，接著再鋪上鴨胸肉，就成了獨特的開胃菜！

Le kaki 柿子 源自中國，是柿樹的果實，而柿樹是非常美麗的落葉裝飾性果樹。法國食用的柿子大多來自義大利、西班牙，但也包括以色列和日本。柿子分為二種：果肉帶有澀味的紅柿，人們會在非常成熟時食用（用小湯匙吃）；橘色的硬肉柿，包括從以色列進口的雪倫柿（sharon）和日本栽培的富有（fuyu）品種，形狀為長形，還有屬於紅光（rojo brillante）品種的柿子（persimon），種植於瓦朗斯（Valence）地區，自1997年開始享有AOP：里維拉尊貴柿（Rivera du Xùquer）。柿子可切片後再淋上酢橘（sudachi）汁（日本的小柑橘水果，外觀近似青檸檬），或是切塊後淋上少量的巧克力甘那許，和薄薄一層綠茶粉作為前甜點（pré dessert），或是在秋季酸甜醬中搭配蘋果和洋梨。

Les figues violettes 紫無花果 可以用浸泡香料（肉桂、四川花椒、八角茴香等）的紅酒燉煮、用些許薰衣草蜂蜜烘烤、用奶油煎，而且和野味是絕配。和少量蜂蜜一起製成酸甜醬，便可以出色地搭配山羊乳酪和肥肝，但它作為塔的配菜也同樣耀眼，可切片後擺在折疊派皮底部，再鋪上杏仁奶油醬，並以烤箱烘烤。

Le coing 榲桲 不能生吃，絕對要煮熟。可加入凍派（terrine）或酥皮肉凍派（pâté en croûte）的餡料中，切成小丁並預先煎熟。削皮並去籽後，在糖漿中以小火煮1小時30分鐘。

Les prunes 李子，如克勞德皇后李（reine-claude）、紫香李（quetsche）、黃香李（mirabelle）等，都可以糖漿燉煮，以酥頂（crumble）、塔的形式品嚐，或是趁新鮮享用，完全隨個人喜好。

La châtaigne 栗子 可搭配野味、和奶油南瓜結合、為烤馬鈴薯賦予清脆口感，或是以濃湯的方式食用，先和韭蔥蔥白一起炒至出汁，接著和家禽基本高湯一起燉煮，以電動攪拌機攪打，上菜時再撒上牛肝蕈粉。

Les raisins 葡萄 是秋天最早的景象。摩薩克（Moissac）的莎斯拉（chasselas）AOC葡萄，可加進沙拉或餡料中—充分乾燥後和蘋果一起燉煮—作為肥肝卷（ballottine de foie gras）的夾心、搭配鵪鶉和煎肥肝。可放入家禽原汁中燉煮，並結合無花果來搭配鴨肉。

Les fruits rouges 紅色水果 是夏季水果。香甜、多汁、微酸，它們美味、清爽、色彩繽紛，而且可以用來營造對比，例如黑醋栗（cassis），可和軟化的奶油混合後擺在鮮鱈或鯖魚的背肉上，就像紅醋栗（groseille）可以提供酸味一樣。藍莓非常適合用於搭配滑順卡士達奶油醬（crème pâtissière），並以鮮奶油香醍（chantilly）增加清爽度的塔派中。櫻桃以奶油油煎，再倒入巴薩米克醋後，便可作為鴨肉的配菜。草莓本身也可以醋、橄欖油和柑橘類水果（尤其是檸檬）的果皮提味。草莓花瓣（pétale de fraise）非常容易製作，先將草莓從長邊切成薄片，擺在烤箱中鋪有烤盤紙的炙烤盤中，撒上糖，並以90℃（熱度1）烤至想要的質地。

Les abricots 杏桃，請選擇柔軟的，絕對不要選擇綠色或淡黃色的杏桃。可搭配迷迭香、薰衣草、新鮮生薑，也能和杏仁一起油煎，作為烤雞、珠雞（pintade）或兔肉的配菜。和胡蘿蔔、柳橙汁一起煮，再用電動攪拌器攪打後，就成了香煎海螯蝦的佐料。在甜點的版本中，可轉化為庫利（coulis）或水果塔，擺在油酥餅皮底部，再鋪上杏仁奶油醬（crème d'amandes），並用烤箱烘烤。

Conseils des chefs
主廚建議

爲了讓一盒草莓中略爲受損的草莓也能好好利用，
您可製作糖漿，煮至冒大氣泡的程度，
接著加入一點覆盆子醋一起煮。
然後爲草莓淋上糖漿，讓草莓浸漬、過濾，接著將糖漿
淋在切成 4 塊的草莓上，並搭配幾片薄荷葉。

———

Les pêches 桃子 可以整顆或打碎來製作湯品，再以馬鞭草（verveine）或百里香增添芳香。扁桃（Plate）可以油煎，再搭配煎肥肝享用。

La pastèque 西瓜 可以切成薄片，再淋上少量橄欖油，或是切塊，搭配一些菲達乳酪（feta）丁和切碎的薄荷葉製成沙拉。爲了開胃，您也能用一些糖、檸檬汁、艾斯伯雷紅椒粉、琴酒或伏特加來攪打西瓜果肉，製成清涼的雞尾酒。

LES FRUITS EXOTIQUES 異國水果
如同我們當地的水果，遵循異國水果生產的季節及其成熟度非常重要。

購買時，請優先選擇採用空運的菜農和農產品。

請將異國水果保存在室溫下，但絕對不要以冷藏保存。例如芒果可用來搭配肥肝，鳳梨搭配鴨肉，而紅鯔魚（rouget）可搭配百香果。胡椒、辣椒和香料也很適合結合水果，一起用於料理中。

LES AGRUMES 柑橘類水果
柑橘類水果的家族非常廣大，目前尚有未知的種類。萊姆（lime）、黃檸檬（citron jaune）、金桔（qumquat）、柚子、克萊門氏小柑橘（clémentine）、橘子（mandarine）、柳橙（臍橙 navel、苦橙 amère 和血橙 sanguine）、綠葡萄柚或黃葡萄柚、葡萄柚、文旦（ugly）（源自葡萄柚和橘子的雜交），或佛手柑（main de Buddha），今日大多可從市面上取得。

在料理中，柑橘類水果可透過其果汁和果皮（包括白色的中果皮部分）來提供清爽度和酸味。最好使用未經加工處理過的柑橘類水果，尤其是需要用到果皮時，或是您想用鹽或糖醃漬的情況下。

柑橘類水果可用來爲醃漬醬料調味，很適合用在白肉魚、海鮮（以橘子汁烹煮的海螯蝦）上，亦可用於如鴨肉（柳橙）等肉類上。

— SAISONNALITÉ DES FRUITS—
水果的季節性

	1月	2月	3月	4月	5月	6月	7月	8月	9月	10月	11月	12月
FRUITS D'HIVER 冬季水果												
POMME golden 金冠蘋果	●	●	●	●	●	●			●	●	●	●
POMME granny-smith 史密斯奶奶蘋果	●	●	●	●						●	●	●
POMME Reinette du Canada 加拿大小皇后蘋果	●	●	●	●							●	●
POMME Reine des Reinettes 后中之后蘋果								●	●			
POMME Boskoop 玻絲酷蘋果	●	●								●	●	●
POMME Royal gala 皇家加拉蘋果	●	●	●	●					●	●	●	●
POMME Elstar 愛斯達蘋果	●	●	●	●					●	●	●	●
POMME Jonagold / Jonagored 金喬納蘋果	●	●	●	●	●						●	●
POMME Braeburn 布雷本	●	●	●	●	●							●
POMME Fuji 富士蘋果	●	●	●								●	●
POMME Cox Orange 橘蘋	●	●									●	●
POMME Reinette clocharde 流浪小皇后		●	●	●							●	●

	1月	2月	3月	4月	5月	6月	7月	8月	9月	10月	11月	12月
POIRE Guyot 三季梨							■	■				
POIRE Williams 威廉洋梨								■	■	■		
POIRE Beurré Hardy 哈特梨									■	■	■	
POIRE Conférence 康佛倫斯梨	■	■	■							■	■	■
POIRE Doyenne du Comice 康蜜絲梨	■									■	■	■
POIRE Louise Bonne d'Avranches 亞芳許梨										■	■	■
POIRE Passe-crassane 帕斯卡桑梨	■	■	■							■	■	■
NASHI 水梨									■	■		

FRUITS D'AUTOMNE 秋季水果

	1月	2月	3月	4月	5月	6月	7月	8月	9月	10月	11月	12月
KIWI 奇異果	■	■	■	■	■						■	■
RAISIN cardinal (noir) 卡迪那葡萄(黑)								■				
RAISIN Chasselas de Moissac (blanc) 摩薩克莎斯拉葡萄(白)									■	■		
RAISIN Alphonse Lavallée (noir) 阿方斯拉瓦列(黑)									■	■		
RAISIN Muscat du Ventoux (noir) 旺都麝香葡萄(黑)									■	■		
RAISIN Danlas 丹拉斯(白)								■				
COING 榅桲									■	■	■	
FIGUE 無花果									■	■	■	
RHUBARBE 大黃				■	■	■	■					
AMANDE FRAÎCHE 新鮮杏仁						■	■					
NOIX FRAÎCHE 新鮮核桃									■	■		
NOISETTE FRAÎCHE 新鮮榛果								■	■			
CHÂTAIGNE 栗子										■	■	

LES FRUITS D'ÉTÉ 夏季水果

	1月	2月	3月	4月	5月	6月	7月	8月	9月	10月	11月	12月
ABRICOT Lambertin 朗貝汀杏桃						■	■					
ABRICOT Orangered 橙紅杏桃						■	■					
ABRICOT Jumbobot 尚波波杏桃							■					
ABRICOT Bergeron 貝吉宏杏桃							■	■				
ABRICOT Rouge du Roussillon 魯西雍紅杏桃						■	■					
PÊCHE / NECTARINE / BRUGNON 桃子/油桃						■	■					
Sanguine 血橙							■		■			
PRUNES Golden Japan 日本黃金李								■				

	1月	2月	3月	4月	5月	6月	7月	8月	9月	10月	11月	12月
REINE-CLAUDE «vraie» 「真正」的克勞德皇后李								■				
REINE-CLAUDE DE BAVAY 巴草克勞德皇后李									■			
Président 總統李								■	■			
MIRABELLE DE LORAINE 洛林黃香李								■	■			
QUESTCHE 紫香李									■			
MELON charentais 夏朗德甜瓜					■	■	■	■	■	■	■	
MELON Brodé 網紋甜瓜							■	■	■			
MELON Gallia 哥利亞甜瓜							■	■	■			
MELON Jaune canari 金絲雀黃甜瓜							■	■	■			
PASTÈQUE 西瓜								■				

LES FRUITS ROUGES 紅色水果

	1月	2月	3月	4月	5月	6月	7月	8月	9月	10月	11月	12月
CERISES burlat 布萊特櫻桃				■	■	■						
CERISES Summit 薩米脫櫻桃						■						
CERISES Napoléon 拿破崙櫻桃							■					
CERISES Van 凡櫻桃						■						
CERISES Belle de juillet 七月美麗櫻桃							■					
FRAISES gariguette 蓋瑞格特草莓				■	■							
FRAISES Ciflorette 希福羅特草莓				■	■	■						
FRAISES Cléry 克萊希草莓				■	■							
FRAISES Mara des bois 木哈野莓							■	■	■			
LES BAIES 漿果												
AIRELLE 越橘							■	■				
FRAISE DES BOIS 野莓						■	■	■				
FRAMBOISE 覆盆子						■	■	■	■	■		
CASSIS 黑醋栗							■	■				
GROSEILLE 紅醋栗							■	■				
MÛRE 桑葚								■	■			
MYRTILLE 藍莓							■	■				
GROSEILLE À MAQUEREAU 鵝莓						■						
PHYSALIS 酸漿								■	■	■		
SUREAU 接骨木								■				

LES AGRUMES 柑橘類水果

	1月	2月	3月	4月	5月	6月	7月	8月	9月	10月	11月	12月
ORANGES naveline 奈維林娜臍橙(西班牙和摩洛哥)	■										■	■
ORANGES Navel Late 晚臍橙(西班牙和摩洛哥)			■	■	■							
ORANGES Valencia Late 晚崙夏橙(西班牙和摩洛哥)					■	■						
ORANGES Maltaise 馬爾他血橙(西班牙和摩洛哥)	■	■	■	■								
ORANGE non traitée 未加工橙(西班牙和摩洛哥)				■	■	■					■	■

646

	1月	2月	3月	4月	5月	6月	7月	8月	9月	10月	11月	12月
ORANGE amère 苦橙(西班牙和摩洛哥)	■	■									■	■
POMELO Marsh 馬敘葡萄柚(白肉，以色列和美國)	■	■	■	■	■							
POMELO Ruby 紅寶石葡萄柚 (粉紅肉，以色列和美國)	■	■	■	■	■						■	■
POMELO Sunrise 日出葡萄柚(紅肉，以色列)	■	■	■	■	■							
POMELO Star Ruby 星辰紅寶石葡萄柚(紅肉)	■	■	■	■	■							■
CITRON DE NICE 尼斯檸檬	■	■	■	■	■							
CITRON Espagne 西班牙檸檬						■	■	■	■	■	■	■
CLÉMENTINE Corse 科西嘉克萊門氏小柑橘	■										■	■
CLEMENVILLA Espagne 西班牙新星	■	■	■									■
MINNEOLA Israël 以色列橘柚	■	■	■									■

LES FRUITS EXOTIQUES 異國水果	1月	2月	3月	4月	5月	6月	7月	8月	9月	10月	11月	12月
ANANAS 鳳梨	■	■	■	■	■					■	■	■
ANANAS Victoria 維多利亞鳳梨						■	■	■	■			
BANANE 香蕉	■	■	■	■	■	■	■	■	■	■	■	■
BANANE Freyssinette 菲西內特香蕉	■	■	■	■	■	■	■	■	■	■	■	■
BANANE Rose 紅皮蕉	■	■	■	■	■	■	■	■	■	■	■	■
MANGUE 芒果				■	■	■	■					
LITCHI 荔枝	■											
NOIX DE COCO 椰子	■	■	■	■	■	■	■	■	■	■	■	■
LIME 萊姆(青檸檬)	■	■	■	■	■	■	■	■	■	■	■	■
FRUIT DE LA PASSION 百香果	■	■	■	■	■	■	■	■	■	■	■	■
GRENADE 石榴											■	■
KAKI 柿子	■									■	■	■
KUMQUAT 金桔	■	■	■	■	■	■	■	■	■	■	■	■
PAPAYE 木瓜	■	■	■	■	■	■	■	■	■	■	■	■
CARAMBOLE (Star fruit) 楊桃	■	■	■	■	■	■	■	■	■	■	■	■
FIGUE DE BARBARIE 梨果仙人掌	■	■	■	■			■	■	■	■	■	■
GOYAVE 番石榴	■	■	■	■	■	■	■	■	■	■	■	■
MANGOUSTAN 山竹			■	■	■							■
NÈFLE DU JAPON 枇杷				■	■							
RAMBOUTAN 紅毛丹	■	■	■	■	■							■
DATTE FRAÎCHE 新鮮椰棗										■	■	
JUJUBE 棗		■	■	■	■	■	■	■	■	■	■	■
PITAHAYA 火龍果	■	■	■	■		■	■	■	■	■	■	■
UGLI 文旦	■	■			■	■						
TAMARIN 羅望子	■	■	■	■	■	■	■	■	■	■	■	■
TAMARILLO 樹番茄	■	■	■	■	■	■	■	■	■	■	■	■
COMBAWA 箭葉橙				■	■	■	■	■				

LES FRUITS
Techniques
水果技巧

Zester un citron

檸檬削皮

❋

USTENSILES 用具
削皮刀
水果刀

• 1 •
用水果刀修整兩端，並用削皮刀削皮。

• 2 •
去掉白膜、皮上剩餘的白色中果皮部分。

• 3 •
將果皮切絲。

Historier un citron

狼牙檸檬

❋

USTENSILE 用具
水果刀

· 1 ·

修整檸檬兩端。

· 2 ·

用水果刀在檸檬周圍切出細齒狀（或狼牙狀）。

· 3 ·

分成兩半並去掉可能存有的籽。

Peler
un agrume à vif

取出柑橘類水果的果肉

USTENSILES 用具
片魚刀
水果刀

· 1 ·
修整水果的兩端，讓水果可以穩穩地立起。

· 3 ·
用水果刀沿著白膜取下果瓣。

· 2 ·

沿著水果的外圍，用片魚刀去掉皮和白膜部分。

· 4 ·

您可獲得從柑橘水果上取下的果瓣。

Monder et épépiner le raisin

葡萄去皮並去籽

USTENSILES 用具

水果刀

綁肉針

· 1 ·

將一顆顆的葡萄浸入沸水數秒。

· 3 ·

用水果刀的刀尖輕輕去除每顆葡萄的皮。

· 2 ·

立刻將葡萄撈起放入冰水中冰鎮。

—— **FOCUS 注意** ——

這項技巧需要耐心和靈巧度，
但去皮去籽的葡萄讓接下來的品嚐變得
更簡單。

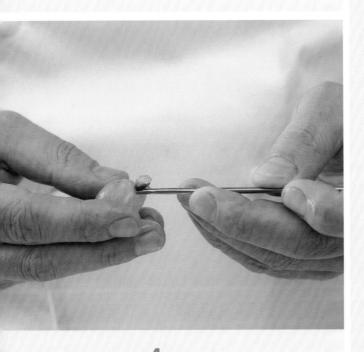

· 4 ·

用綁肉針的針眼將存於葡萄中的籽挑出。

LES FRUITS
Recettes
水果食譜

CHUTNEY
DE FRUITS ROUGES
紅果酸甜醬

6人份
準備時間：20分鐘
烹調時間：15分鐘

INGRÉDIENTS 材料
草莓2盒（500克）
覆盆子2盒（500克）
覆盆子醋（vinaigre de framboise）
100毫升
糖100克
鹽10克
紅醋栗（groseille）1盒（250克）
黑醋栗（cassis）1盒（250克）
粉紅胡椒粒
艾斯伯雷紅椒粉

USTENSILES 用具
煎炒鍋
電動攪拌機

這道酸甜醬可用來搭配肉類或魚類，和甜點更是天作之合。它和白（或黑）巧克力、起司蛋糕、蛋糕或薩瓦蘭（savarin）的組合令人驚豔。

草莓的準備： 清洗草莓並去蒂，接著將一盒左右的草莓切成規則的塊狀。預留備用。

烹煮： 將剩餘的草莓和修切下的碎屑放入平底深鍋中，並加入一盒的覆盆子、一些水、覆盆子醋、糖和鹽，加以燉煮，以小火將湯汁稍微濃縮，接著放入電動攪拌機中攪打。清洗紅醋栗和黑醋栗，和剩餘的覆盆子（一盒）和切塊的一盒草莓混合，接著加入草莓覆盆子的酸甜醬中。煮沸，離火後將平底深鍋放入裝滿冰水的容器中，讓酸甜醬立即冷卻。在最後完成時，加入一些壓碎的粉紅胡椒粒和1撮的艾斯伯雷紅椒粉。

— **FOCUS 注意** —

這道紅果酸甜醬可以減少糖比例的
方式，用於魚類料理上—白肉魚、
魷魚、燉飯等—但搭配肥肝、
白肉也同樣美味，例如搭配春季配菜
或咖哩的家禽背肉、小牛肉排。

ABRICOTS BERGERON RÔTIS, AMANDES ET PISTACHES
烤貝吉宏杏桃佐杏仁開心果

6人份
準備時間：30分鐘
烹調時間：30分鐘

INGRÉDIENTS 材料

貝吉宏杏桃（abricot bergeron）
12顆
整顆的去皮杏仁（amande blanche
entière）24顆
砂糖150克
奶油100克
切小塊的綠開心果100克
糖粉50克

USTENSILE 用具
橢圓形瓷盤

烤杏桃必須以成熟的杏桃製作，但又不能太軟，才經得起烹煮。請記得在製作前先嚐嚐看，並依杏桃的含糖量來調整糖的份量。

準備：將杏桃切半，挖去果核，並用1小塊奶油和1顆去皮杏仁（您亦可使用杏桃核內的杏仁）來取代果核。

烹煮：將切半的杏桃擺在塗上奶油的烤盤中，放入預熱至180℃（熱度6）的烤箱中烤30分鐘。出爐時，為杏桃撒上切碎的開心果和糖粉（您亦可使用原味的馬卡龍碎屑）。

—— FOCUS 注意 ——

您可用一球非常可口的香草
冰淇淋（glace à la vanille）、
杏仁雪酪（sorbet amande）或白乳酪
雪酪（un sorbet fromage blanc）
來搭配這些烤杏桃享用。

CITRONS BIO CONFITS AU SEL
鹽漬有機檸檬

6人份
準備時間：10分鐘
烹調時間：1分鐘
靜置時間：3個月

INGRÉDIENTS 材料

有機黃檸檬（citrons jaunes bio）
6顆
粗鹽100克
糖75克

*sirop*糖漿
礦泉水（eau minérale）1公升
糖500克

USTENSILES 用具
廣口玻璃瓶（Bocal）
水果刀

—— **FOCUS 注意** ——

主廚建議在這道配方中使用多肉的
有機檸檬，甚至是1至4月可取得的
蒙頓檸檬（citrons de Menton），
其果皮厚而味美。

這項保存技術讓檸檬能夠作為您鹹味料理的佐料。您可將鹽漬檸檬加進您的塔吉料理（tajine）中，或是切成小丁，加入生魚韃靼（tartares de poisson）、小牛原汁、油醋醬或蛋黃醬（mayonnaise）中。

糖漿：將水和糖快速煮沸。在糖完全溶解時離火，放涼。

檸檬：清洗檸檬並擦乾。混合粗鹽和糖。將檸檬從長邊切成4塊，務必要保持4塊檸檬的底部仍連接在一起。將4瓣檸檬輕輕打開，接著在檸檬內部填入鹽和糖的混料，重新閉合，立刻放入適當大小的廣口玻璃瓶中，請直立並緊密地排列，開口朝上，讓鹽和糖不會溢出。將冷卻的糖漿淋在檸檬上，讓檸檬完全浸泡在糖漿中，以免發霉。將重物擺在檸檬上，讓檸檬不會漂移，接著將廣口瓶封好，冷藏至少3個月。

CARPACCIO DE MELON, MOUSSE AU PORTO

甜瓜片佐波特酒香慕斯

6人份
準備時間：40分鐘
烹調時間：10分鐘

INGRÉDIENTS 材料
甜瓜 3 顆
馬拉巴爾胡椒粉（Poivre malabar）

mousse au porto 波特酒香慕斯
牛乳 250 克
蛋黃 3 個
砂糖 50 克
吉力丁 3 片
液狀鮮奶油 150 克
波特紅酒 250 克

sirop 糖漿
礦泉水 50 毫升
覆盆子蜜 1 大匙
檸檬 ½ 顆

décoration 裝飾用
胡椒薄荷葉幾片

USTENSILES 用具
漏斗型網篩
70 公釐的半球形矽膠模
手持式電動攪拌棒
（Batteur électrique）

儘管甜瓜經常與當地的火腿或風乾火腿結合，但它也能搭配甜酒（*vin doux*）（或強化葡萄酒 *vin muté*）。這道是甜瓜佐波特酒慕斯的獨特版本。您接著可用同一系列的另一種酒來製作這道配方：皮諾夏朗特（*pineau-des-charentes*）、馬斯莫（*Mas Amiel*）、班努斯（*banuyls*）等。

波特酒香慕斯：將波特酒倒入平底深鍋中，煮至微滾，以小火濃縮至形成糖漿狀質地，加入牛乳，浸泡幾分鐘，接著將浸泡的牛乳煮沸。將吉力丁浸入冰涼的水中泡至軟化，瀝乾，擰乾並預留備用。打發蛋黃和砂糖，接著倒入一半煮沸的牛乳，一邊攪拌，然後倒回平底深鍋中和剩餘一半的牛乳混合，攪拌並加熱至如同英式奶油醬 crème anglaise（用手指劃過匙背會留下痕跡時，就表示奶油醬煮好了）。加入吉力丁片，接著以漏斗型網篩過濾，保存於陰涼處。將液狀鮮奶油打發成鮮奶油香醍，在最後加入1撮砂糖來增加穩定度，接著混入冷卻的波特酒奶油醬中。倒入半球形的矽膠模，保存在陰涼處3小時。

糖漿：將水、蜂蜜和檸檬汁煮沸，第一次煮沸後離火，加入1撮馬拉巴爾胡椒粉，放涼並冷藏保存。

甜瓜片：將甜瓜削皮、切半去籽，接著切成薄片。在6個略為凹陷的餐盤中將甜瓜片排成圓花狀，接著用刷子刷上薄薄一層冷卻的糖漿。撒上一些現磨的馬拉巴爾胡椒粉，保存於冷藏室。

擺盤：為半球形的波特酒香慕斯脫模，兩兩組裝後用濕潤的小刮刀（或預先蘸了水的小湯匙背）劃過接合處，將裝甜瓜的盤子從冷藏室取出，在中央擺上1球慕斯、幾片薄荷葉，並搭配醬汁杯裝的剩餘冷糖漿上菜。

JUBILÉ DE CERISES, SORBET AU GEWURZTRAMINER
櫻桃茱碧蕾佐格烏茲塔明那酒香雪酪

6人份
準備時間：30分鐘
烹調時間：20分鐘

INGRÉDIENTS 材料

macarons 馬卡龍
杏仁粉133克
糖粉133克
生蛋白50克
食用色素（顏色依個人喜好）
砂糖125克＋10克
水30克
蛋白50克

fruits 水果
新鮮紅櫻桃600克
覆盆子（或草莓）100克
糖200克
櫻桃利口酒（marasquin）500毫升
櫻桃白蘭地（eau-de-vie de kirsch）
50毫升
陳年巴薩米克醋（balsamique vieux）
1大匙

sorbet 雪酪
砂糖200克
晚收型烏茲塔明那酒
（gewurztraminer vendanges
tardives）1瓶
檸檬汁50毫升
渣釀烏茲塔明那酒（marc de
gewurztraminer）50毫升

USTENSILES 用具
烹飪溫度計
電動攪拌器
冰淇淋機
擠花袋＋直徑10公釐的的擠花嘴

若您不想製作馬卡龍，亦可用碎餅乾代替，例如蘭斯玫瑰餅乾（biscuits roses de Reims）。您也能混合不同品種的櫻桃，或是加入藍莓、黑醋栗或桑椹漿果來讓食譜中的水果更加豐富。

馬卡龍的製作（提前二天）：將杏仁粉和糖粉一起過篩。預留備用。在不鏽鋼盆（或沙拉攪拌盆）中混合蛋白和食用色素，預留備用。將125克的糖和水煮至123℃。在糖到達118℃時，開始在裝有打蛋器的電動攪拌器中將蛋白打發，接著在糖漿到達123℃時，將糖漿緩緩地倒入蛋白中，同時讓電動攪拌器持續運轉。持續攪拌至微溫後，加入10克剩餘的砂糖攪拌至均勻，以增加蛋白霜的穩定度。將蛋白霜倒入大型不鏽鋼盆中，用橡膠刮刀（maryse）在中央挖一個凹槽，倒入一半的杏仁粉與糖粉混料。攪拌均勻後倒入預留的蛋白和食用色素的混料中拌至均勻。最後再倒入剩餘的杏仁粉與糖粉混料拌合。製作馬卡龍（將麵糊拌至用刮刀提起時，會緩緩落下的程度）。倒入裝有10公釐平口擠花嘴的擠花袋中，接著在鋪有烤盤紙的烤盤上擠出直徑3公分的圓形麵糊。放入預熱至140-150℃（熱度5，旋風烤箱）或170℃（熱度5-6，麵包烤箱four à sole，下疊二個烤盤）的烤箱中，烘烤12至18分鐘。從烤箱中取出，放涼，在外面風乾，以便接下來將馬卡龍打成碎屑。

前一天：浸漬櫻桃：將櫻桃去核，但保留幾個果核（用紗布包起），和覆盆子（或草莓）、100克的糖及二種酒一起放入沙拉攪拌盆中，浸漬24小時。

雪酪：讓糖在酒和檸檬汁中溶化，加入渣釀烏茲塔明那酒，接著放入冰淇淋機中製成雪酪。

櫻桃果漬：將櫻桃瀝乾並保留汁液。將櫻桃和剩餘100克的糖放入平底煎鍋中，煮成焦糖，接著加入浸漬的湯汁，將湯汁收乾一半，形成濃稠的果漬。放涼，預留備用並加入巴薩米克醋。

擺盤：將櫻桃分裝至湯盤中，擺上一球雪酪，接著撒上馬卡龍碎屑並上菜。

CHUTNEY DE FIGUES
無花果酸甜醬

6人份
準備時間：50分鐘
烹調時間：1小時

INGRÉDIENTS 材料
新鮮無花果（figues fraîches）250克
榛果50克
紅甜椒1顆
薑粉1撮
大蒜1瓣
洋蔥100克
香草莢 ½ 根
雪莉酒醋200毫升
粗紅糖（sucre cassonade）20克
咖哩葉（feuille de cari）1片
（於印度食品雜貨店購買）
四川花椒5粒
青芒果（mangue verte）1顆
青檸檬100克
奶油50克
丁香粉（girofle en poudre）1撮
米醋100毫升

USTENSILES 用具
檸檬刮皮刀（Zesteur）
水果刀

這道無花果酸甜醬的獨創性在於它與榛果、甜椒和薑的結合。它可用來搭配野味或家禽的肉凍派，或是搭配更經典的肥肝。

水果的準備：清洗甜椒並去皮、去籽，將洋蔥去皮，將大蒜去芽，然後燙煮。將芒果去皮並去核。用microplane刨刀刨下檸檬皮，接著榨汁。將半根香草莢剖半，將籽刮下並收集起來。清洗無花果。

水果的削切：將甜椒、無花果和芒果切成1公分的小丁。將洋蔥切碎，並將大蒜壓碎。

酸甜醬的烹煮：在煎炒鍋中加熱奶油，但不要加熱至上色。在奶油起泡時加入酸甜醬的所有材料、香料，並用極小的火緩慢燉煮，上面蓋一張烤盤紙。不時攪拌，放涼後食用，例如可搭配肥肝或肉凍派。

PÊCHES RÔTIES À LA VERVEINE, GLACE MIEL ET MADELEINE

馬鞭草烤蜜桃佐蜂蜜冰淇淋和瑪德蓮蛋糕

6人份
準備時間：30分鐘
烹調時間：20分鐘
離心攪拌時間：30分鐘
靜置時間：2小時

INGRÉDIENTS 材料
白桃（pêche blanche）6顆
蘇維濃葡萄酒（sauvignon）1瓶
砂糖200克
檸檬½顆
新鮮生薑20克
香草莢1根
新鮮馬鞭草1束

glace au miel 蜂蜜冰淇淋
牛乳1公升
蜂蜜100克
蛋黃12個
砂糖100克

madeleines 瑪德蓮蛋糕
奶油135克
蜂蜜30克
蛋145克（3顆）
糖120克
香草莢1根
檸檬½顆
麵粉150克
泡打粉3克
細鹽

USTENSILES 用具
冰淇淋機
瑪德蓮蛋糕模
（Plaque à madeleines）

在製作這道配方時，請選擇成熟且芳香濃郁的桃子，但不要太軟，才經得起烹煮。至於瑪德蓮蛋糕的「bosses凸起」，則必須在前一天製作麵糊，經過靜置，並在極熱的烤箱中烘烤形成。

桃子的準備：前一天，燙煮桃子1分鐘以輕鬆去皮。用糖、10克的檸檬汁、去皮並切成薄片的薑和剖開並刮下籽的香草莢，將蘇維濃葡萄酒煮沸。第一次煮沸後熄火，加入馬鞭草葉，浸泡幾分鐘，接著再度煮至微滾，並用這糖漿燉煮桃子。放涼。

冰淇淋：將牛乳和蜂蜜煮沸。在這段時間，打發蛋黃和糖（攪打至混合物泛白），接著將一半的牛乳倒入蛋黃和糖中，並用橡皮刮刀攪拌。再倒回烹煮容器中與另一半的牛乳混合，煮至如同英式奶油醬crème anglaise（在奶油醬煮好時，用手指劃過刮刀應留下痕跡），或是用烹飪溫度計測量溫度達82℃為止。下墊一層冰塊水冷卻，接著將奶油醬倒入冰淇淋機中，攪拌至形成乳霜狀質地（需時約30分鐘）。

瑪德蓮蛋糕：將奶油加熱至融化，並形成榛果色，接著加入蜂蜜並混合均勻。打發蛋、糖、剖開並刮去籽的香草莢和半顆檸檬的檸檬皮，接著混入過篩的麵粉和泡打粉。最後加入奶油和蜂蜜的混料。靜置至少2小時，接著將麵糊分裝至瑪德蓮蛋糕模，放入預熱至180℃（熱度6）的烤箱烤20分鐘。

桃子的擺盤：在平底煎鍋中用一些烹煮糖漿將桃子煮至略呈焦糖色（淋在桃子上，讓桃子呈現漂亮的顏色）。在湯盤中擺上1球冰淇淋，擺上2瓣桃子，最後放上一些馬鞭草葉。搭配剛出爐的熱瑪德蓮蛋糕上菜。

— **FOCUS 注意** —

您也能將煮桃子的糖漿
放入冰淇淋機，製成雪酪。

CONDIMENT RHUBARBE, CÉLERI ET POMME VERTE
大黃、西洋芹與青蘋佐料

6人份
準備時間：30分鐘
烹調時間：20分鐘

INGRÉDIENTS 材料
大黃（rhubarbe）600克
西洋芹1枝
史密斯老奶奶蘋果
（pomme granny-smith）4顆
檸檬汁100克
（或維生素C 10克或
巴薩米克白醋50克）
糖200克

USTENSILE 用具
蔬果榨汁機（Centrifugeuse）

這項佐料可提供清脆的口感和酸度，其中特別吸引人的是它的鮮度。在烹煮食材時請特別留意，讓材料保持些許的硬脆。您可用這佐料來搭配蒜香蛋黃醬佐魚（poisson en aïoli）、肥肝或肉凍派。

準備：用削皮刀將大黃和西洋芹削皮，以去除莖莖較粗的纖維，將大黃切成長7公分、厚1公分的條狀，並將西洋芹斜切。各別分開保存。

烹煮：用蔬果榨汁機攪打青蘋果和西洋芹碎屑，收集果汁，並和檸檬汁（或維生素C或醋）、糖混合，接著淋在大黃和西洋芹上。在2個平底煎鍋中，將大黃和西洋芹分開以小火燉煮，放涼。務必不要煮過久：大黃和西洋芹必須軟化，但不能散開。結合二項材料，保存待享用。

CARPACCIO MULTICOLORE DE POMMES, CONFIT ET GELÉE DE POMME
彩色蘋果片佐糖漬蘋果和蘋凍

6人份
準備時間：30分鐘
烹調時間：15分鐘

INGRÉDIENTS 材料
史密斯老奶奶蘋果2顆
富士蘋果（pommes fuji）2顆
金冠蘋果（pommes golden）2顆
小皇后蘋果（pommes reinette）2顆
檸檬2顆

confit de pomme 糖漬蘋果
切下的蘋果碎屑
糖1大匙
檸檬汁1顆
洋菜（6克／公升）

gelée d'eau de pommes 蘋果凍
富士蘋果3顆
鹽
糖
吉力丁（20克／公升）

décoration 裝飾用
胡椒薄荷（menthe poivrée）1小束
食用花1盒

USTENSILES 用具
漏斗型網篩
蔬果榨汁機
濾布（Chaussette）
（細紋織布）

這道以各種蘋果爲主題的配方運用了不同的色彩和質地，這是道新鮮清爽的甜點，其獨特之處在於什麼也不浪費，因爲連蘋果碎屑都用來製作成糖漬蘋果。

蘋果的準備：將蘋果清洗乾淨並擦乾，接著切半（從果核兩側），保存在陰涼處，並灑上檸檬汁以免變黑。

糖漬蘋果：收集所有蘋果切下的碎屑，切小塊後和一些水、糖及檸檬汁一起燉煮15分鐘，用電動攪拌機短暫地攪打，接著以漏斗型網篩過濾。計算所需的洋菜量（每公升6克）並進行秤重，接著煮沸並加入洋菜。繼續煮沸一會兒，接著倒入烤盤至2公分的厚度。放涼後切成邊長3公分的方塊。

蘋果凍：將蘋果放入蔬果榨汁機中攪打，收集果汁，接著用濾布過濾，以收集清澈的果汁。若您沒有蔬果榨汁機，請將蘋果削皮並切小塊，接著和蘋果等量的水一起用電動攪拌機攪打，並加入1撮的鹽和少量的糖，接著以濾布（細紋織布）瀝乾，只收集清澈透明的果汁。測量果汁的量，以確定吉力丁所需的用量（每公升應使用20克的吉力丁）。將吉力丁泡在冰涼的水中軟化，接著將清澈的蘋果汁加熱，讓軟化並擰乾的吉力丁在果汁中融化，接著直接倒入餐盤中達幾公釐的高度，放涼。

擺盤：將每半顆蘋果切成薄片（保留果皮），接著在每個盤中顏色交替地擺成扇形。加入方形的糖漬蘋果塊與蘋果凍，最後再四處擺放幾小片的胡椒薄荷葉，以及可食用花。

DÉCLINAISON
DE PRUNES
李子的變化

6人份
準備時間：2小時30分鐘
（連同靜置時間）
烹調時間：20分鐘

INGRÉDIENTS 材料
阿讓黑李（pruneaux d'Agen）150克
水1公升
糖200克
檸檬1顆
柳橙2顆
肉桂棒1根
香草莢1根
紅李（prune rouge）250克
安特李（prunes d'Ente）250克
黃香李（mirabelle）250克
克勞德皇后李（reine-claude）250克
檸檬汁和柳橙汁250毫升
新鮮薄荷6枝

USTENSILE 用具
大型煎炒鍋和蓋子

李子相當多變，因此請不要只以一種配方進行組合，就如同番茄一樣。可運用其顏色、形狀、大小，尤其是味道。這就是一項很好的練習，可以品嚐李子的風味，並強調其各種香氣。

黑李的燉煮：讓阿讓黑李浸泡在冷水中2小時，接著以糖漿（以500毫升的水、100克的糖、2片檸檬角和2片柳橙角製作）燉煮。

李子的燉煮：同樣將500毫升的水和100克的糖煮沸1分鐘，加入肉桂棒、剖開並去籽的香草莢、2片檸檬角和2片柳橙角，煮1分鐘。在這糖漿中燉煮一半分量切半去籽的李子，微滾約12分鐘。預留備用。

醃漬：另一半的李子、切半去核，接著用檸檬汁和柳橙汁以及幾片薄荷葉醃漬李子約2小時。

擺盤：搭配黑李、醃漬李子和燉煮李子，放入個人的小酒杯中。最後撒上檸檬皮和柳橙皮，以及幾片薄荷葉。

CHUTNEY EXOTIQUE
異國酸甜醬

6人份
準備時間：30分鐘
烹調時間：20分鐘

INGRÉDIENTS 材料
百香果6顆
維多利亞鳳梨（ananas Victoria）½顆
芒果½顆
大蒜1瓣
紅蔥頭60克
新鮮生薑10克
雪莉酒醋80克
蜂蜜80克
葡萄乾50克
蓽拔（poivre long）1根

USTENSILES 用具
煎炒鍋
平底深鍋

酸甜醬的成功取決於甜味和酸味的平衡，但同時也要留心烹煮。請以小火燉煮您的酸甜醬，務必要經常攪拌，使烹煮均勻，避免黏鍋。接著將異國風情酸甜醬與肥肝、生小牛肉片或冷家禽肉相結合。

水果的準備：取出1顆百香果的果汁和果肉，另外5顆只取果汁。預留備用。將鳳梨和芒果果肉切成5公釐的丁，預留備用。

調味料：將蒜瓣剝皮，將大蒜去芽並切碎。將紅蔥頭去皮並切成細碎（切成小丁），將薑削皮並切碎。預留備用。

烹煮：在平底深鍋中將蜂蜜煮成焦糖，接著加入所有材料，混合後以小火燉煮至湯汁完全蒸發（酸甜醬必須具有光澤）。放涼，接著保存在玻璃罐中。

POIRES POCHÉES
AUX ÉPICES
香料燉洋梨

6人份
準備時間：50分鐘
烹調時間：30分鐘

INGRÉDIENTS 材料
神父洋梨（poire curé）（原產自貝里
bérichonne）12顆
波特紅酒250克
糖150克
丁香4顆
八角茴香2顆
月桂葉2片
胡椒粒50克
柳橙皮100克
杜松子6顆

USTENSILES 用具
蘋果去核器（Vide-pomme）
平底深鍋

以獨特方式重新詮釋這道經典法式料理。選擇充分成熟但還略硬的洋梨，以糖漿燉煮後切塊，再重新組裝。就是這道甜點的獨特性和美學的魅力。

洋梨的準備：清洗洋梨並削皮，用蘋果去核器或挖球器小心去除中間的果核，保留完整的洋梨。

燉煮：將波特酒煮沸，加入50克的糖和一半的香料（杜松子除外），將洋梨煮至微滾，並蓋上烤盤紙，煮至洋梨軟化（約30分鐘）。在另一個平底深鍋中將500克的水煮沸，加入剩餘的糖，另一半的香料和杜松子，接著煮剩下6顆洋梨，並蓋上烤盤紙，煮至洋梨軟化（約30分鐘）。烹煮後保存在深皿中。

擺盤：將兩種顏色的洋梨各切成1/4片狀，兩種洋梨片穿插擺放，讓顏色交錯。

AÏOLI
AU COING
榲桲蒜香蛋黃醬

這道蒜香蛋黃醬以新穎的方式重新詮釋原來的版本。以製作蛋黃醬的方式製成的蒜香蛋黃醬中，用榲桲來取代芥末，並如同普羅旺斯黑橄欖醬（tapenade）般抹在烤麵包片上品嚐。

6人份
準備時間：30分鐘
烹調時間：1小時

INGRÉDIENTS 材料
榲桲1顆
水500克
糖250克
黑胡椒粒1克
鹽5克

aïoli 蒜香蛋黃醬
大蒜1瓣
蛋黃1個
橄欖油50克
葡萄籽油150克
雪莉酒醋5克

USTENSILE 用具
研缽（Mortier）

糖漬榲桲：將榲桲去皮切塊，去籽，預留備用。將水、糖、胡椒和鹽煮沸，接著將榲桲煮至微滾，續煮1小時。在榲桲軟化時，瀝乾，預留備用。

蒜香蛋黃醬：將大蒜去皮並燙煮3次（過沸水3次，每次1分鐘），接著放入研缽中（若沒有就放入電動攪拌器的碗中），加入榲桲，全部搗成平滑的泥狀，接著加入蛋黃，並像製作傳統蛋黃醬般和油一起攪打。調整調味，如有需要，可加入幾滴醋以提供微微的酸味。

6人份
準備時間：1小時
烹調時間：20分鐘

INGRÉDIENTS 材料

biscuit moelleux 軟餅乾
蛋黃220克
糖160克
融化奶油220克
檸檬果肉110克
麵粉90克
杏仁粉130克
刨碎的檸檬皮
檸檬百里香½小束
蛋白310克
砂糖130克

appareil au citron 檸檬糊
全蛋200克
糖240克
檸檬汁160克
檸檬3顆（果皮）
奶油300克
吉力丁16克
打發鮮奶油香醍
（crème montée en chantilly）
1公升

tuile au citron 檸檬瓦片
軟化的奶油130克
糖粉250克
麵粉150克
生蛋白180克
刨碎的檸檬皮些許

glace au mascarpone
馬斯卡邦乳酪冰淇淋
牛乳750克
馬斯卡邦乳酪550克
蛋黃12個
糖300克

USTENSILES 用具
烹飪溫度計
漏斗型網篩
冰淇淋機（Turbine à glace）
裝有擠花嘴的擠花袋

VARIATION AUTOUR DU CITRON DE MENTON, BISCUIT MOELLEUX AU THYM, CRÈME GLACÉE AU MASCARPONE
蒙頓檸檬變奏曲：百里香軟餅佐馬斯卡邦乳酪冰淇淋

這道甜點由檸檬塔變化而來，混雜著餅乾的柔軟、檸檬的清爽、果皮的酸、馬斯卡邦乳酪冰淇淋的甜，以及檸檬瓦片的酥脆。您也能用柳橙或青檸檬來取代黃檸檬。

軟餅乾：將檸檬糊材料中的吉力丁浸泡在大量的水中軟化（將用於檸檬糊中）。打發蛋黃和糖，加入融化的奶油和檸檬果肉，接著加入過篩的麵粉和杏仁粉，接著是刨碎的檸檬皮和檸檬百里香的花。攪拌至形成均勻的麵糊。將蛋白打成泡沫狀，並混入大量的糖，不停地攪拌，攪打至蛋白變成平滑有光澤的蛋白霜，接著輕輕混入先前的麵糊至均勻。鋪平在裝有矽膠墊的烤盤上，放入預熱至180℃（熱度6）的烤箱烤約20分鐘。用刀尖插入檢查熟度，抽出時必須保持乾燥。

檸檬奶油醬：在平底深鍋中同時放入蛋、糖、檸檬汁和刨碎的果皮，攪拌，接著煮至形成如82℃的英式奶油醬（crème anglaise）。用漏斗型網篩過濾，放涼至55℃，接著混入切成小塊的奶油塊，最後是擰乾的吉力丁。墊在冰塊水上放涼，接著混入打發的鮮奶油香醍，冷藏保存。

檸檬瓦片：混合所有材料，擺在烤盤中，放入預熱至180℃（熱度6）的烤箱，烤至瓦片呈現金黃色。

馬斯卡邦乳酪冰淇淋：混合牛乳和250克的馬斯卡邦乳酪，加入蛋黃，接著是糖，煮至形成如82℃的英式奶油醬（crème anglaise）。放涼後混入300克剩餘的馬斯卡邦乳酪，放入冰淇淋機的碗中，攪打至形成想要稠度的冰淇淋。

擺盤：將軟餅乾切成12×3公分的長方形，用裝有擠花嘴的擠花袋擠上檸檬奶油醬，擺上一塊瓦片，並在一旁放上1球馬斯卡邦乳酪冰淇淋。

6人份
準備時間：25分鐘
烹調時間：15分鐘（糖漬）

INGRÉDIENTS 材料
白肉葡萄柚4顆
紅肉葡萄柚4顆
枸櫞（cédrat）1顆
青檸檬2顆（果皮）
芝麻葉1小束

sauce vinaigrette 油醋醬
青檸檬汁1顆
艾斯伯雷紅椒粉1撮
鹽之花1撮
榛果油500毫升

coulis de cédrat 枸櫞庫利
切下的枸櫞碎屑（約100克）
水100毫升
糖10克
鹽3克
蘋果酒醋30毫升

USTENSILES 用具
microplane刨刀
電動攪拌器

— **FOCUS** 注意 —

**枸櫞為檸檬的原型，屬於芸香科。
它厚而粗糙的果皮是用來區別它與
其近親的特徵。枸櫞皮用於糖漬，
鮮少直接生食。**

SALADE TOUT AGRUMES (PAMPLEMOUSSE, CÉDRAT ET CITRON VERT)
全柑橘沙拉（葡萄柚、枸櫞和青檸檬）

運用酸度所打造出的清爽前菜，而這種微酸可以直接食用，或是搭配蟹肉、去殼海螯蝦、龍蝦或明蝦品嚐。

葡萄柚的準備：將二種葡萄柚的果肉整片取出（去掉果皮和白色中果皮部分），接著取下1瓣瓣的果肉（見652頁的技巧）。

枸櫞庫利：將枸櫞皮切成長4公分的規則細條狀，預留備用。將枸櫞碎屑、鹽、糖、酒醋加熱（概念是平衡4種基本味道）。如有需要可在烹煮過程中加水，以彌補水分的蒸發。以電動攪拌器攪打至形成可流動而滑順的質地。

醬汁：用青檸汁、艾斯伯雷紅椒粉、鹽之花和榛果油製作油醋醬，接著以細條枸櫞皮調味。

擺盤：在每個餐盤中用葡萄柚果肉排成2個半圓弧形（紅黃肉交錯），撒上用microplane刨刀刨碎的的青檸皮，接著在每個半圓的中央擺上一些枸櫞條，並試著堆出一點高度。用油醋醬為芝麻葉上光，接著在柑橘水果上擺上一片片的芝麻葉。最後在周圍擺上微量的枸櫞庫利，以形成不規則的星群狀。

ANNEXES
附錄

Table des recettes
食譜列表

305頁前為《經典廚藝聖經 I（上冊）》內容，
包括：高湯、原汁、蔬菜濃縮液和醬汁‧蛋‧魚類、甲殼類、貝類和軟體動物‧肉類－羔羊、小牛肉、
牛肉，與《經典廚藝聖經 II（下冊）》為完整套書，為避免頁碼重疊，採連序編頁的方式。

Table des techniques
技巧列表

305頁前爲《經典廚藝聖經 I（上冊）》內容，
包括：高湯、原汁、蔬菜濃縮液和醬汁・蛋・魚類、甲殼類、貝類和軟體動物・肉類－羔羊、小牛肉、
牛肉，與《經典廚藝聖經 II（下冊）》爲完整套書，爲避免頁碼重疊，採連序編頁的方式。

Table des recettes des chefs associés
合作主廚食譜表

系列名稱 / 大師系列

書　名 / 巴黎斐杭狄法國高等廚藝學校
　　　　經典廚藝聖經 II

作　者 / 巴黎斐杭狄 FERRANDI 法國高等廚藝學校

出版者 / 大境文化事業有限公司

發行人 / 趙天德

總編輯 / 車東蔚

文　編 / 編輯部

美　編 / R.C. Work Shop

翻　譯 / 林惠敏

地址 / 台北市雨聲街77號1樓

TEL / (02)2838-7996

FAX / (02)2836-0028

初版一刷 / 2017年8月

定　價 / 新台幣1700元

ISBN / 9789869451437

書　號 / Master 12

讀者專線 / (02)2836-0069

www.ecook.com.tw

E-mail / service@ecook.com.tw

劃撥帳號 / 19260956大境文化事業有限公司

Le grand Cours de Cuisine Ferrandi © 2014 Hachette-Livre (Hachette Pratique).
Author : Michel Tanguy, Photographies : Éric Fénot, Stylisme : Delphine Brunet,
Émilie Mazère, Anne-Sophie Lhomme, Pablo Thiollier-Serrano
Complex Chinese edition arranged through Dakai Agency Limited

for the text relating to recipes and techniques, the photographs and illustrations, foreword.
All rights reserved.

文字編輯：Michel Tanguy　　攝影：Éric Fénot
風格設計：Delphine Brunet,Émilie Mazère Anne-Sophie Lhomme,Pablo Thiollier-Serrano

巴黎斐杭狄 FERRANDI 法國高等廚藝學校，是高等廚藝培訓領域的標竿。
自1920年，本校已培育出數代的米其林星級主廚、甜點師、麵包師、餐廳經理。
位於巴黎聖日耳曼德佩區（Saint-Germain-des-Prés）的斐杭狄 FERRANDI 每年接收來自全世界的學生，
亦為各國提供具品質保證的大師課程。
本書由校內的教授和最出色的法國主廚合力所完成。

國家圖書館出版品預行編目資料
巴黎斐杭狄法國高等廚藝學校
經典廚藝聖經 II

巴黎斐杭狄 FERRANDI 法國高等廚藝學校 著；-- 初版 .-- 臺北市
大境文化，2017[106] 408面；22×28公分 .
（Master：M 12）
ISBN 978-986-94514-3-7（精裝）
1.食譜　2.烹飪　3.法國
427.12　　106009737